心之所嚮，無壓打造質感簡約生活

——由內而外，讓生活與心靈都極簡的修行旅程

橙實編輯部——著

PART 1

收納後：心靈更富足

PART 2

捨棄雜物後的：心靈款待

目錄 CONTENTS

PART 3：這樣做基礎收納

PART4：打造健康的居家環境

收納後：心靈更富足

當你的生活越趨向簡單，心靈越趨於豐盈。

01——由外而內，極簡重塑你的心靈樣貌

你為什麼嚮往極簡生活？

或許你下意識覺得，只是喜歡更明亮、清爽的生活環境。但進一步想，你也許會發現，自己極需重整的，其實是心靈空間，潛意識裡那些不滿、猶豫、焦慮，需要釐清及改變。

極簡生活的實踐，通常開始於對周遭事物的整理；重新審視自己的擁有，衣物、包包、鞋子等，對它們存在的必要性做出判斷。之後，你也會對新的購買行為產生更多考量，不再任意而為；接下來，你可能會覺得家中囤積許久的萬年庫存「礙眼」，思考「讓障礙消失」的可能性，一步步進行出清。

走往極簡也會讓你應對外界的方式有所改變。你或許會選擇共乘計程車取代開車，使用禮服或嬰兒服租借服務取代自行購入，嘗試實踐共享概念；學會應用最新

網路科技處理糾結，讓你與外界的連結越來越順暢；試著將自己的工作流程簡化，有時間及餘裕追求卓越，也會讓你成為同事眼中最有績效的夥伴；走在路上，你開始會揮手拒絕不請自來的廣告傳單或贈品；與好友聚餐不再常跑吃到飽餐廳，而是選擇符合健康原則的適量餐點；面對消費欲望及物資，你愈來越能朝向零廢棄目標前進。而你及你的生活周遭，一點一點變得簡單、陽光而愉快。

但更為珍貴的，其實是你邁向極簡的具體行動裡，經歷過的心理變化。**當你對物執行斷捨離，你將培養出取捨的智慧，更能懂得「珍惜、感恩擁有」的意義**；當你吃得均衡簡單，遠離垃圾食物，健康的身體會自動回饋給你更清晰的思路、更平靜的內心；嘗試「共享」讓你開放自己，包容更多，你將對旁人及世界更加有感而友善。

用勇敢拒絕磨練你的心智，讓你能更堅強果斷。你也能因此學會摒棄不自在的人際往來，重整自己的社交關係；聰明運用新科技處理事情，會讓你感覺與時代脈動共起伏，仍活躍在潮流浪尖，並更加自信；你個人的環保義舉、零廢棄作為，最終都會轉換成給予社會的祝福，讓世界變更好。而這美好，也將回相到你的生命深處。**你，將變得越來越好，由外到內，再由內到外，生生不息。而且，你還會發現，當你的生活越趨向簡單，你的心靈反而越趨於豐盈。**

所以，還猶豫什麼呢？不要再被雜念及物欲牽絆，確實動起來，走向極簡，自由、快樂、簡單的人生正等在前方呢，此刻就開始練習款待心靈的整理術吧。

萬事起頭難嗎？其實你早已踏出第一步，就是拿起書，閱讀了這個篇章。接下來，你可以往下續讀一個主題，然後暫時闔起書，開始行動；一點都不需著急讀完書，因為這原本就不只是整理收納的實踐宣導，而是想與你分享一趟心靈的修行旅程。所以，慢慢來，一天一天增加你的極簡知識，再講求實踐的範圍與深度；剛開始，你或許會認為自己正在努力進行極簡練習，但時間久了，會內化為自然而然的習慣，轉化成自我成長的養分。所以，當你閱讀完此書，或許你會發現，生命早在不知不覺中走出不同樣貌。

（場地：晴川禾悅民宿）

02——享有而不必然擁有，共享心更寬

你真正能擁有什麼？

人的一生，所有事情都只能經歷，最終無法帶走分毫。所以，什麼是你真正擁有的？但是，為了擁有或是佔有，妳或許已經努力了許久許久。小時候羨慕別的孩子總有最新玩具、求學時困擾著為何酷帥同學總是別人的男友，初出社會艷羨同事老是用最新款3C，身旁的人怎麼瞬間都有了房子、車子、名牌包、高檔家電，你是不是追趕的有點忙碌？被慾望驅使著，心終究會累。

停下來想想，如果少一些執念，少一點堅持佔有的心，是不是會過得放鬆些？好吧，或許抓在手裡久了，馱在背上慣了，沒有負擔反而會缺乏安全感。那，先試試「曾經擁有，不求天長地久」的想法如何？放掉一點，看看壓力是否會少一點，快樂增一點，甚至，捨棄後心更寬？

放開的是一段感情也好，或者，只是放下一個慾望。或許你就會發現，你原本不是那麼需要，但只有放開手，才會真正明白，不緊抓著其實也不打緊。放開，或許是放過自己。

回到生活裡來說吧，嗯，總是比討論「感情」容易許多。

生活裡的小放棄，其實你不知不覺已做了一些。沒想到嗎？不知何時開始，你不也不堅持自己買輛腳踏車放家裡，而是需要時騎騎 YouBike，或是到河濱公園租輛自行車遊逛，不也是很可以？

不佔有，共享資源，讓你不需要長長久久擁有了，卻一樣能享受擁有的快樂，甚至將空間及心思開放給更多可能。而且，你其實還能開放更多，因為這世界正提供越來越多方便共享的可能，例如，IKEA 家具以租代買服務，美國優步（Uber）車輛共享服務。Airbnb 房間日租平台，都讓資源有了新的流動模式。

只要你願意放開「佔有」的執念。

問問自己，你的家是否收藏了越來越多的家電，也變得越來越擁擠？但許多家電卻不常使用，例如昂貴的生機飲食機、吸塵器、掃地機器人。說實話，究竟是他們為你服務的機會多，還是你為他們擦拭積塵的時間多？其實，市面上已有如「電電租」這樣提供電器租借的平台，不只能讓你租用，你也能將家裡少用的電器出租，減少庫存堆積，更加善用閒置資源。

如果家有新生兒，你一定要購買新衣嗎？現在在台灣也有新選擇，可以使用嬰幼兒服裝租賃，例如「CHU'S」的服務，以租代買，孩子反而能因共享而擁有更多美好穿衣體驗。

進一步，你可以把共享的輕鬆感擴及到更多層面。面對極想擁有的事物時，靜下來讓自己思考清楚，究竟你是「想要」，還是「必須要」，有沒有共享的可能，再作下購買決定。也許，過一陣子你會發現，**留在身邊的事物越來越少，卻都是珍視之寶，而你所能享受的快樂，卻一點也沒有短少，甚至變得更多元**。而你，從此不只有了與人分享的能力，更能展現出分享給他人的大度。

03——重整衣櫥，打造標誌性穿衣風格

風格，讓人獨特。

有時，你只是遠遠望見一個人的穿著，就能猜出來者是誰。有些衣服，你看上一眼就能指出那是屬於某個朋友的style。衣品如人品，一個人的外在穿搭，常會反映內在個性，同時成為別人辨識你最簡單的方式。

你是個「有型」的人嗎?有獨特而鮮明的穿衣原則嗎?如果你搖頭，想想是為什麼?明明時常翻閱時尚雜誌，每季添購新衣，有時還追追網紅穿搭聖經，算是跟得上潮流。而且，打開衣櫥，各式衣物也多到塞爆空間，出門還得費勁萬中挑一呢。但為何無法像自己欣賞的個性女孩，走路的樣子就是有風采，看著舒服。

你或許認真地花了心思找衣服，卻忘了先找到自己。

你有怎樣的個性？你的年齡、職業、喜好、生活模式？你想讓別人如何看待你？在不同場合想展示自己哪一面？這些考量都影響你應有的穿衣風格。靜下心，想清楚，再回頭審視衣櫥，撐得起你的需求嗎？是太過虛弱，還是花巧過度？是不是該大整理了？

極簡主義風行下，膠囊衣櫥（capsule wardrobe）的概念被提出，就是重整衣櫃很好的參考。衣櫥內只留下多數場合都能穿搭的必備衣物，再順應流行趨勢添加單品，把衣櫃經營成濃縮膠囊，簡約卻精緻高效。

這樣的概念對營造你的穿衣風格大有幫助，因為精簡後的衣櫃，不擁擠、一目了然，更容易找到合適的衣服，也省去出門前忙於穿搭導致的心浮氣躁。穿上身的衣服都已精心篩選，風格不混亂，自然能穿出自信；逛街時就算看到漂亮衣服，也能因為對自己的衣櫃有認知，免去衝動購衣困擾，反而能提高預算購買真正喜愛的服裝，提升質感，慢慢建立自己獨樹一格的穿衣品味。

那麼，如何整理出自己的膠囊衣櫥呢？這又得回到「認識自己」這個重點。好好思考自己的狀況與需求，追求的層次，設定的個性穿著，就可以打開衣櫥工作了；先丟棄確定不要的，老舊、仍停留在少女腰圍、樣式退流行的，爽快說再見；再將剩下衣物區分成熱愛、可有可無與不再喜歡的，進行淘汰，這樣留下的就會是確實能讓自己心動的衣服。

接下來是更誠實面對自己的時候。能讓心怦怦跳的衣服，穿在身上一定好看嗎？現階段的你有場合穿嗎？還適合你的年齡嗎？是基本經典款嗎？與其他衣服是否好搭配？最重要的是能為你營造出你想要的個人風格嗎？想好，再次下手！

整理後的衣櫥也不是一成不變，得定期調整。根據自己生活狀態的改變，對需求做出回應，同時仍可參考每年服裝流行重點，添購必要單品或配件，然後以一進一出的方式控制衣物總量，才能持續極簡衣櫥精神。然後，你或許會發現，**你擁有的不再只是一個衣櫃，而是最懂你的空間，隨著你的成長升級，成為展現你個性最強力的後盾。**

（場地：小公館人文旅舍）

04

遠離選擇焦慮，讓包包成為真正知心夥伴

急著出門，卻無法從滿坑滿谷的收藏包裡找到最滿意的那款？出了門，卻發現手機充電器在換包時忘了放進新包？趕著過捷運關卡，卻無法從碩大的提包裡撈出雜物交疊中的捷運卡？每天都揹著超過五公斤的大包外出，真正用到的物品卻沒幾樣，回家後還要付出肩頸及腰背痠背的代價？如果，以上情況就是你的寫照，那麼，不妨想想，每天陪你出門的，究竟是便利、時尚，還是揹不起的負擔？

擁有太多，有時反而讓人失去更多。

百貨公司周年慶特惠、時尚雜誌定期的新款包強力放送、街角路邊隨處可見的潮流包小攤、方便的網購平台，都讓女人一不小心就被各式新潮包款俘虜，開始把房間變成包包儲藏間。累積又累積，於是，在堆疊的包與包之間，陷入選擇困難，心也累得難以呼吸。

是時候停下來問問自己：「我需要的真有這麼多嗎？」

不妨找一天好好省視一下你已經擁有的所有包包。或許，你會發現，自己竟然擁有幾個款式、類型、功能甚至顏色都很類似的包。意外嗎？其實，那是人的慣性使然。因為喜好不容易變更，所以，一不留心就可能重複選擇自己已經擁有的類似包款。就像是，女人老是容易邂逅同款男人，其實根本不是偶遇，而是受到同類型氣質吸引。

但是，如同收藏精品男子，再怎麼喜歡，同時期最好也只鍾情一枚。同樣的道理用在包款選擇上也行得通，同種類型，不妨就限定自己擁有一款即可。捨去花心可能會惹出的心煩意亂，做出斷捨離，就不需在同一種類型上浪費選擇時間。翻譯成選包白話文來說，就是先思考包款功能性，是要用在運動、逛街還是工作？然後在每種類別限定自己僅能擁有一到兩款。而且，當包包總數減少，出門自然不再需要頻繁換包，也能減少因換包導致重要物

不知不覺購買的包款都很相似，必需要斷捨離了。

件忘了放入的窘境發生。

再來是，你總是拎著大包出門嗎？這其實反映了當下心理狀態。人生有些階段，我們被滿滿的責任感包圍，不知不覺中，老活在擔心裡，怕沒準備好，怕處理不完善，怕沒能防範，怕臨時需要，結果，這樣的心思也反映在你帶的包包大小上。你的外出包無論何時都要塞入濕紙巾、筆記本、備用物、各式補妝品……等，希望裝下所有周全。結果，帶的東西卻常是備而不用，只讓自己成了時時馱著沉重行囊的驢，總處在超負荷狀態，身體健康受損外，心情也在不知不覺中被重量壓沉。

試著讓自己變輕盈吧，包包、身體跟心靈一起。

找一天，攤開你常帶的包內物件，重新檢查，那些是真正的必須，那些其實是多餘的焦慮，在必須中你又會如何按重要性選定？或許，你會發現，你正篩選的，不只是放入包包的物件，而是在有限時間、空間裡，對自己人生事件排出優先順序，而後，在責任感與幸福感之間，也許能尋求出最舒服的平衡。

KONBEST
ALPHABETS

05——與時俱進，聰明使用雲端

時代變化的越來越快，你跟上脈動了嗎？

如果，你總是落後，沒有對世界的呼喚做出回應，只是傻傻地以舊邏輯應對新狀況，如何能活得夠聰明、通透而簡單？

3C、網路及雲端的連結性，讓生活變得更為便利，一不留神，卻可能深陷其中，像是被連接線纏繞成團，充滿窒息感。想想，你的電腦桌面是否龐雜混亂很久了？你是否常在 E-mail 信箱裡迷路，就是找不到想要的那封重要信件？你的手機是否時常發出記憶體超載的警告？當電腦與手機提供的容量越來越大，你怎麼反而像是掉進越來越深的汪洋大海？

這一回，捨去你慣用的解決方法吧，不要試圖以無限擴增容量的方式寵壞自己。回過頭，花時間好好重整你已擁有的。

審視一下你的手機，下載的APP是否超量，有多少是使用頻率極低？試著放棄「可能會用到」的未雨綢繆心態吧，大膽解除安裝，然後，在APP瘦身同時，你也會立即得到減輕負荷的快意。

你的檔案或照片慣性散落在家裡及辦公室桌機、筆電、平板以及手機裡，需要時老是找不到最愛嗎？或許，你可以試試在雲端建一個共同的家，把時常要用的檔案建置其中，而後，你就能從不同載體中同步處理及接收資料，更容易搜尋到你要的，也減少不同載體間重複存刪的動作，增加工作效率，也讓你

遠離心思紊亂窘境。甚至，你還可以在雲端硬碟建立共用資料夾，與他人共享資訊，讓你與別人的溝通變得更及時、簡單、得法。

還想升級，就讓自己更積極嘗試更多雲端技術運用。例如，善用 google 日曆雲端記事工具，一次處理就能同步更新所有載具的行事曆。從此跟厚重記事本說掰掰，更快更準確的出清腦中原本記憶的瑣事，把腦容量空出來思考更值得的事。

你也可以嘗試使用行動支付工具，LINE Pay、APPLE pay 等，讓付款流程更簡化。甚至加碼綁定手機載具，將消費發票儲存雲端，減少紙張浪費，達到環保效果。而且，以後就不需花時間整理，也不需留置家中的發票存放空間，一舉數得。

改變自己的娛樂方式，使用線上音樂平台及購買線上音樂，取代需要空間置放的CD。Apple Music、KKBOX、Spotify、LINE Music 等串流音樂平台，讓你可以在不同裝置上欣賞音樂，有些甚至不需下載到手機或電腦，還不佔載體空間，讓欣賞音樂變得更自由、方便、輕盈。

善用便利商店服務，例如「雲端列印」功能。你只要把手機或電腦裡的文件傳送到雲端，就能從便利商店印表機列印。這樣，每個街角的便利商店都可以是你的印表機，從此，不再需要購買使用率不高的列表機放家裡。空間空出來了，做事的效率更在線，那種跟得上新鮮科技的成就感，會讓你更加自信。

所以，做出改變吧，理解新方法，解鎖新技術，跟上時代，採用更聰明的方式應對世界，或許能幫助你更輕鬆無壓力的走上你理想的極簡生活樣貌。

06——拒絕不請自來的事物，找回自主權

拒絕，真的不容易。

你是個能夠堅定拒絕的人嗎？相信很多人對這個提問無法肯定點頭。上班時，愛偷懶的同事耍賴，想把自己份內的工作推給你處理。你加班到焦頭爛額，客戶卻再一次對你提出過分要求。這些時候，你會試著說「不」嗎？當公事與家事兩頭燒，你的壓力已超負荷，朋友們卻接連殷勤邀請你參加聚會，你扛得起人情壓力推掉邀約嗎？

就算不是令人太過為難的狀況，只是路邊一張伸手遞出的廣告傳單，賣場一本免費贈送的刊物，百貨公司一個消費滿千就送的小禮品，而你實際上根本不需要，你就能斷然地拒絕接受嗎？

（場地：晴川禾悅民宿）

不知不覺中，我們時常處在「不拒絕」的狀態，慢慢地，便將生活空間與情緒上的垃圾越堆越高。

工作上不敢放膽說「不」，你的進度可能永遠趕不上超支的工作量。人際相處上不好意思拒絕，你雖然有機會成為別人眼中的「大好人」，卻會在自己的感覺裡迷失，「越來越覺得不好」。生活上太多來者不拒，終究會讓你失去態度。

為何不敢拒絕，你怕什麼？有可能是拒絕別人自己會產生愧疚感，也有可能你早已習慣以別人的評價來認定自己的價值，因而趨向討好。又或者，曾經拒絕導致的衝突經驗讓你寧願忍氣吞聲。阻礙是很多，但請不要忘記，你無法左右別人的看法及想法，卻永遠能是自己意願的主人。

練習說「不」吧。不要、不想、不需要、不願意。

試著對舊習慣說不，也對周遭不請自來的給予或要求說不。**建立起穩固的「個人邊界」，設定自己的底線，確立原則，在接受與拒絕之間，練習抓準自己該有的應對與尺度**。要牢記，你得先照顧好自己的需求、情緒，狀態好了，才會有餘力照顧他人，給出正能量的回饋，讓彼此處於真誠的愉悅關係。如此，你也能自然的贏得別人的喜愛與尊重，找回更簡單的回應模式。

覺得知易行難？那不妨先從簡單的事情練習起。

逛街經過高帥的業務員身旁，試著抵禦他迷

人的眼神，絕不伸手接他遞過來的健身房傳單；商家好意附送精美目錄時，詢問是否能在官網查閱，不要貪圖有人奉上紙本的方便；逛賣場或百貨，不因為滿額送環保袋、買二送一等活動購入超額商品。更何況，有成本考量的贈品，通常品質較次等，勉強使用，往往拉低你的品味，又用得不順手，得不償失。

如果長久以來你在家中已囤積不少傳單、菜單跟贈品，是時候跟他們說再見了。家中贈品如果一直找不到出場機會，代表它早成為佔據空間的陳年垃圾，不妨出清或轉贈需要的人。就這樣，試著從日常小事練習「拒絕」，慢慢建立習慣。或許有一天，在面對某個重大決定的關鍵時刻，你能果決說「不」，沒有三心二意，為自己真正爭取一回主權與自由。

07

脫離囤積，重新理解珍惜的意義

你，懂得珍惜嗎？

人，多少有些囤積傾向。有時，因為無法釋懷感情而囤積，也可以說是念舊。所以，學生時代抽屜底暗藏的情書、好友贈與但早已無法使用的隨身聽、情人暖過的花色圍巾、孩子出生時使用的小被褥等，都一一被保留，年復一年，終於將情感堆積成家中角落難以承受的負擔。這，卻還算是出於浪漫。

有些囤積，卻是因為漫不經心或不知節制。遇到喜歡的物件，不思索就下手買進或收藏，例如公仔、飾品、布偶、筆記、高跟鞋等，像個花心的獵豔者；有些人的理由更為暗黑些，興許是心底藏有焦慮，或是因為佔有與保護慾形成強迫行為，不知不覺中，一直重複收購或收集。

無論出於何種理由，囤積都會造成擁擠，讓屋子及心理空間同時堵塞。

環視一下你的屋子，有沒有越來越亂的堆積，越堆越高的焦躁。你是否覺得屋裏的空間越來越窄，行走的路線越來越需要曲折？甚至，因為陳年凌亂，你已經開始拒絕別人造訪，很久沒有享受過邀約好友來家中開party的歡樂？再問問你的心，是不是有捨不去的執念，越來越習以為常的壓力累積？會不會感覺血液無法在大腦裡暢快運行？

警訊有時正是善意提醒，苦口婆心說著：「該清

（場地：晴川禾悅民宿）

理清理了，遠離囤積。」

試著從最無懸念的事物為自己理出頭緒吧。

或許，你的囤積行為只是單純出於「有備無患」心態，因而積存大量日用品，衛生紙、燈泡、洗髮精、泡麵等，卻讓你時常擔心過期問題及造成環境失序；不妨試著放鬆你的戒備，面對真相。其實超商、量販隨時都等在街角為你服務，網購24小時就能使命必達，外送平台也早就加入隨時代買行列。你為何還要擔心物資不足，把自己的行為模式停留在舊時代？或許，試著去理解一下現在已有的便利資源，試試新的採買機制，你就能從自己的不安裏釋懷，

因為擔心過頭且認為有備無患，使包包裡塞滿了各式物品。

從囤積舊習裏解脫。

如果你面對的是自己的喜愛收藏，那事情的確難辨的多。但每個人精力有度，愛意也有限。后宮佳麗三千，每人能分得多少寵愛？所以，試試將收藏減量，可以先出清或轉贈類似款，那留下來的反而能成為真愛。而且，你的心也會因為專一，能對最愛細細品，勤拂拭，更顯情意。當珍藏品充分被愛，有展示空間，也才能真正出彩。

更上一級，是捨棄那些情感濃度超黏著的紀念品。每一回，都將是一次失戀。不過，對待漸漸走遠的感情本該是要雲淡風輕，緊抓不放極可能讓你反而錯失眼前真正的寶藏，或失去掌握未來的契機。所以，跟過去的眷戀說聲再見吧。真捨不得，或許可以試著將那些紀念品拍成照片，深深埋藏進硬碟，然後丟棄掉實體。而後，你反而不會懼怕失去回憶，甚至能將愛昇華為生命的芬芳。

不貪戀，或許更能珍惜擁有。

08

輕裝上陣，極簡旅行給你嶄新體驗

你是個瀟灑的旅行者嗎？

出門旅遊，無非就是想轉換到異於日常的環境，體驗新鮮事物，藉以放鬆心情，同時吸收新資訊。但是，每次出發前，你是不是一想到整裝行囊就覺得頭疼？人到機場，推著大包小包行李往前進，步履蹣跚之際，是否一點也感覺不到原本想要的放鬆？出門遊走在異地，總是緊張的對照手上的地圖與旅遊指南，生怕自己錯過打卡熱點？出門玩一周，回家卻累到休養兩周？為何旅行伴隨了這樣的緊張與疲憊，有沒有可能，輕輕鬆鬆，也能玩得很愉快？

其實，你可以做一個不一樣的旅行者，更簡單、隨興，卻更能創造價值。

首先，出遊前就設法減輕帶出門的行囊。誠實想想，你打算丟進行李箱的物品，究竟是「必須」還是因為「缺乏安全感」與「過度擔憂」？從你的裝箱考量，同時能

（場地：BULUBA 民宿）

反思，面對未知時你慣常採取的因應態度。而後，你或許會有想法，關於人生的鬆緊度該往哪個方向作調整。

如果，確實釐清狀況能減輕你對未知的恐慌，那麼，你不妨在打包行李前，對照行程，列出分門別類整理清單，重整思路。然後按類別以收納袋進行分裝，讓物品在行李箱中更容易被找到；每個類別清單內的物品，可以嘗試繼續簡化，例如，衣物類可優先選擇較能搭配成多種場合適穿的服裝，材質舒適、易攜帶、好清洗，也能減少旅程中的整理時間。

更進階的行李精簡，就是聰明選用「多功能物件」，例如，附有多個 USB 插孔的萬用轉接頭，或是購買手機、相機、筆電都能共用的充電器。另外，你也可以好好研究一下手機功能，學會以 google map、線上書刊、手機拍攝等方式來取代攜帶紙本指南、書籍、相機等；當你一樁樁達到行李內容物減量成功，卸下沉重包袱同時，也會背起更足的勇氣與自我肯定。

行程規劃也可以更寬鬆些。平日裡，響不停的行事曆鬧鐘提醒，都快把你制約成按表操課的效率工具，旅行時不妨放輕鬆，真正放假，不要排滿網美景點，時時趕打卡。試著隨遇而安，讓自己感受悠閒。其實，錯過打卡聖地又怎樣？迷路的街口往往讓你發現意料之外的風景，就像你人生中那些不期而遇，不也常令你驚喜萬分？所以，這樣的態度，或許會讓你重新領悟，張弛有度的人生行走，不貪多不貪快，反而能過得順風順水，有滋有味；偶爾，你還可以嘗試住背包客棧。**生活在精巧簡約的住宿環境中，或許會讓你重新思考原本生活裡的必須與多餘**。

另外，你有沒覺得，常常度完假回家，卻無法跟家人準確描述自己的行程體驗？或許，那是因為走馬看花式旅遊，難以累積生命厚度。所以，下回試試在同一個地方待更久，然後減少行程，多觀察，貼近當地生活況味，感受異地啟發。然後，你會發現，更專注、深入、單純的旅行方式，能為你帶來更深層的生命體悟。或許，你原本只是想去「探討新世界」，最後卻重新發現了自己。

09——即知即行，邁向零廢棄生活

行動，才有機會改變。

一年之初，你是不是時常許下新年新希望，想變得更好。期待減肥成功，祈禱工作順利，立志學會一種新樂器，再一次承諾要給自己一趟環島旅行……。年復一年，你許的願望卻往往與去年類似。為什麼呢？或許，是因為你的願望始終盤旋在你的待完成清單，並沒有真正落實在積極行動上。

面對世界，你是不是常有期待？希望現有的環境更乾淨、友善、美好，讓生活能過得清爽愉悅，也讓下一代擁有永續空間。但是，你曾經為這樣的期許做過任何努力嗎？還是，就像對待自己年年許下的新年願望一樣，只是存有美好想像，卻從未真正舉足往目標前進？

試著不一樣吧。

把願望變簡單，不貪多，卻要更明確、更有方向。設定一階一階的小目標，立即出發圓夢，一小步一小步持續前進。然後，你會發現，自己不再為完成不了願望清單

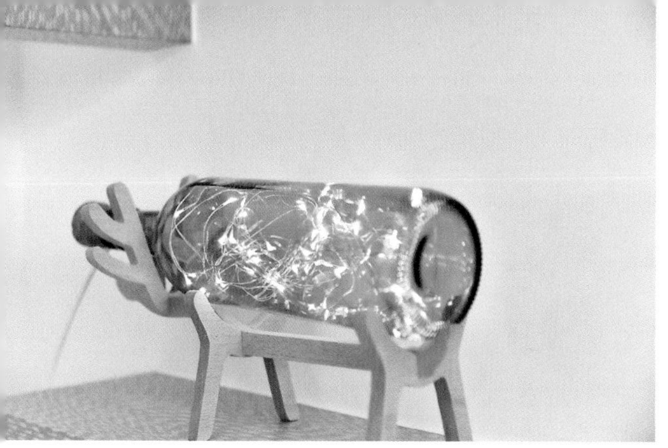

（場地：晴川禾悅民宿）

感到挫敗，也不會陷入「毫無改變」的焦慮，終於脫離「總是未完成」的惡性循環。

如此，累積的心靈垃圾就會慢慢消失，再也不需要時時清掃。直至有一天，你或許能升級到心靈毫無垃圾的零廢棄境界，心自此再無烏雲。

對待世界，我們可以要得更少，給得更多，試著朝向零廢棄的生活型態走，環境自然就能變得變好；首先，檢視一下你的日常生活，是否充斥著許多「不必要」的消費及物資使用，不知不覺地製造出更多垃圾，讓你無意間成為環境殺手？

現在，就對躍躍欲試想蹦進你生活的不必要物品「說No！」，直接減少資源耗損，拒絕快時尚誘惑，拒絕不必要的吸管、包裝、店家提袋……等，不增加新物件，自然不產出新垃圾。

再來，聰明善用你已擁有的。找出珍藏已久

的小手帕吧，用它來替代拋棄式面紙。使用環保杯、環保餐具來取代一次性飲料杯及餐具。隨身攜帶環保購物袋，重複使用以減少塑膠袋拿取。將預備淘汰的衣物進行改造，重新縫補或改製為提袋、腳踏墊等。孩子弄壞的玩具，試著尋找玩具醫生修復，代替新品購買。

更上一級的作法，是改變你原本的習慣，做出對環境更友善的選擇。購買牛奶時，你可以挑選紙盒裝取代塑膠罐。儘量採買裸裝食材，例如買散裝茶葉取代使用茶包，減少產出包裝垃圾。購買任何物件，都試著優先選用天然、可生物分解、再生或環保材質等對環境友善的考量，例如有機棉衣物。

最後，鼓勵和你一樣有心的人。選擇那些同樣對環境保護有意識的店家消費或購物。例如有提供不塑飲食外送、環保餐具、包裝盒回收管道的店家。

如此，每一天，你跟環境都能共同進步一點點，也離零廢棄的心靈與生活更近一點點，你與地球都將運轉的越來越好，多值得期待！**而你此刻所需要做的，就是「真正動起來」！然後，你將看到你的嶄新世界。**

10——聆聽自己，有意識的選擇飲食

你有多久沒有好好聆聽自己？

忙著照顧一家老小、揪心工作、拼命學習，多半時候都像陀螺一樣轉著吧。真沒空時，麥當勞的漢堡就是快速飽腹的一餐。好不容易得空，就找朋友聚餐，狠狠來一頓吃到飽，或用甜膩的下午茶修補疲累身心。你的心惦記所有人，就是沒心思關心自己，但隨著年歲，血壓、血糖、血脂的問題卻沒有忘記要來關注你。於是，健康指數下降，情緒困擾上升，身材日漸走樣。面對自己的崩壞，你，要如此得過且過？

找個時間獨處，坐下來好好跟自己對話。想想，自己曾經擁有過的美好樣貌。想想，未來還得陪著摯愛家

（場地：晴川禾悅民宿）

人長長久久奮鬥呢。想想，還是希望活得精神些、健康些、亮麗些。但百廢待舉，要從哪裡收拾起？

「You are what you eat！」好好吃飯很重要呢，是你外顯及內在樣貌的基礎。不妨，就從修正飲食態度開始吧。好好待自己，好好吃頓飯。有意識的，在飲食方面朝向對你有益的方向做出正確選擇，不是攝取更多、更昂貴，而是吃得更精準、更有滋味，聰明而簡約。如此，食物才能真正滋養你的身體與靈魂，讓你重新贏回健康、體態與神采奕奕。

知識會是你最堅實的後盾。想為自己做出夠好的飲食策略，得先擁有足夠的健康資訊當背景，哪些營養是人體所必須，如何攝取才能營養均衡。你可以買本專業書籍閱讀，或上網搜尋來源可靠的參考文章，弄明白，飲食起手式才會正確漂亮。或許，剛開始麻煩，但建立起飲食準則後，就會簡單如日常小事，有效梳理原本失序的飲食迷失。

接下來，試著在家為自己做飯，更能控制餐點品質。採買在地、當季的盛產食材，除了價格相對便宜，品質也能更新鮮，還能減少食材運送的碳排放量，友善環境。吃進充滿善意的食物，不只溫暖你的胃，也會讓世界跟著微笑。

當你的心緒日趨平穩，當你想清楚什麼是真正所需，就不會依賴高強度的刺激振奮感官。於是，你可以選擇更淡定的食材處理及烹調方式，吃原型食物。只用單純的鹽、醬油等做基本調味，享受食物的天然原味。減少油炸、久燉等料理方式，多採用清蒸、水煮，保留食材的營養成分。正餐之外避免額外攝取高糖、高鹽分的零食；當你習慣了簡約的飲食風格，反而會迎來更多健康與滿足，你的身體會自動反饋你，你的心思會自然而然趨於明亮。簡單，其實使你更豐盈。

飲食內涵有了改變，廚房氛圍其實也會隨之變化。你會發現，有意識的飲食讓你的料理過程變得更簡單。你再不需要那麼多瓶瓶罐罐、烹調器具以及大量儲藏空間，廚房配置變得更有條理，乾淨清爽，用餐品質也會隨之提升。慢慢地，這樣的思維或許會從廚房轉進客廳、房間、浴室，不知不覺的調整起你所有的生活空間，也一次次，重整你的心靈深處。

但別忘了，美好的連鎖反應，仍得開始於——你的自我傾聽。

SPECIAL ISSUE
The Most Excellent
VINTAGE

PART 2

捨棄雜物後的心靈款待

在有限的時間、空間裡，
對事件排出優先順序，
而後，在責任感與幸福感之間，
尋求出最舒服的平衡。

01

住大房子，不是讓你放更多東西

色彩管理，同色系收納讓空間看起來更清爽

看過許多收納專家所分享的住家空間，都有一個共同的特色，那就是色系的統一性。可以讓空間看起來更明亮、更乾淨的色系，就屬淺色系，如：白色、淺褐、淺灰色等等的搭配。

深色物品會讓空間看起來沉重、有壓迫感，白色或木頭色系是最常被極簡主

同色系的佈置才能打造極簡的氛圍。（場地：晴川禾悅民宿）

義者使用的色系。不過要特別說明的是，是要針對需要的物品來挑選適當的顏色，而不是看到想買的東西，因為是淺色系而衝動購買。

留白的藝術

為了能減少雜物堆積，所以現成家裡的收納櫃、衣櫃等空間，建議都要有留白的空間，也就是不要塞得滿滿的，留下一些空間來應付臨時存放的時候。

例如衣櫃的抽屜，不要認為塞好塞滿就對了，最好留有1／3以上的空間，讓衣物有收納的位置。當然也不能購買多餘的收納櫃，因為我們的目的是減物、

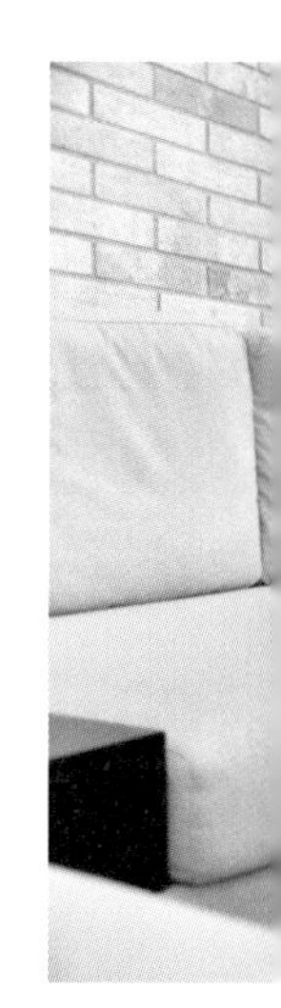

留白，讓生活空間增大。所以請減少收納櫃、收納空間，並要求自己要在收納櫃裡留白，如此才能減少購物、減少堆積。放了一個物品進來就要捨棄不必要的一個物品，才能讓物品和生活有靈活流動的空間。

選擇簡單並多用途的物品

建議選擇可以折疊收納及多用途的傢俱或工具。如：餐桌和書桌可以共用，如果客廳空間不大，則建議購買可以伸縮的桌子，依照人數需求來伸縮。椅子可以使用能夠折疊的木椅，平時不用時可以收在雜物間或角落，減少空間被不使用的傢俱佔滿，利用使用不佔空間的物品來代替厚重的物品。

是餐桌也是書桌的多用途空間。
（場地：小公館人文旅舍）

02

打掃變成一件愉快的事情

如果平時沒有隨手打掃的習慣，而都等到年底再一次性的大掃除，反而會因為太過勞累，造成極大的壓力及逃避心理。建議每天隨手的清潔，一週一次的局部整理，會讓你的家不知不覺地朝你希望的整潔方向改變。、

每天刷牙時右手拿著牙刷，左手就能拿著扁刷清洗流理台、化妝鏡等等。除了讓容易發霉的廁所維持整潔，同時我刷牙時間也變長了，感覺牙齒也充分達到清潔了！呵呵～

洗澡前，在等待熱水時，可以先用冷水刷洗地面。洗完澡後，再用玻璃刷清除玻璃上的水漬，才不會累積太久，拖到過年才要清除時，已變成頑強水垢，難以消除。

吃完飯為了幫助消化，可以利用半小時左右時間來打掃，選擇一個小地方來整理。

今天是茶几、明天是電視櫃、後天是餐桌等等。除了幫助瘦身又能讓家裡更清爽，不知不覺打掃就變成愉快的事！

家裡有小孩的話，玩具空間則是永遠打掃不完似的。在陪小孩玩耍前，我會要求把其它不相關的玩具都收好才能一起玩。現在要玩樂高，那麼其它的玩具請讓它回到自己的家。小孩也會因為期待一起玩遊戲，而非常積極的收拾。

實行極簡生活之後，你的打掃工作也會相對的減少，是一舉數得的好方法。極簡生活真的很適合喜歡發懶及沒時間的你，請把節省下來的時間拿來發呆及享受吧！

隨時順手的打掃，就能保持清爽和潔淨的空間。（場地：晴川禾悅民宿）

03

只購買必需品，而不是衝動消費

相信大家滑手機時最常看到一些廣告，現今任何東西都可以透過網路輕鬆訂購送上門。但要如何控制自己的欲望，不被廣告吸引而衝動按下去結帳呢？

麻煩各位先自我催眠一下，廣告上宣稱的效果一定要先打個對折，之後再思考：家裡有沒有可以替代的用品？是否有標註產地及售後等細節，品質及安全上是否可信任？

現在馬上立即就要使用嗎？確定是非買不可的必需品嗎？如果這個月沒有這個東西會影響生活嗎？買回去後是否有位置擺放？要放在哪個位置先想清楚，會不會看起來太亂雜？

如果大家都仔細思考之後，認為是非買不可的用品，那就請仔細比價，並且不要

練習將空間留白，才有位置放上喜歡的盆栽。（場地：小公館人文旅舍）

當天就結帳，先放在購物車裡，告訴自己一週後再來決定。下單之前要看清楚評價，退換貨是否方便。

當你都做了上述的功課之後，應該有大部份的購物慾望就會漸漸消退，大腦冷靜下來之後，就麻煩將該則廣告隱藏或封鎖。不要再讓這類廣告出現，因為你已經做好選擇，所以請直接淘汰它吧！手機裡最好也不要下載一堆購物網的APP，才能抑制自己過度的消費。

有一些物品都可以找到替代的方式：

廁所衛生紙盒：可以使用紙板或紙箱，自己依據衛生紙大小裁切黏貼後，即非常耐用。也可以自己裝飾或請小朋友塗鴨，變得獨一無二的用品。

收納物品：先將不需要或不常用到的物品丟掉淘汰！就會多出很多置物的空間，將手機盒當化妝品的收納盒。或是抽屜裡的隔層，用紙盒裁剪後即非常好用。尤其精簡物品後你會發現，根本不需要購買收納盒或收納櫃了！

將紙盒裁剪後，黏上背膠即能充當面紙盒，環保又省錢。

將吃完的囍餅盒拿來裝發票及繳費收據。

04

找到丟掉的勇氣

丟棄物品聽起來好像很輕鬆，但不是只丟掉三、四樣物品而已，而是要將盤據在家裡多年的物品，徹底且理性的丟棄。

家裡一定都有許多堆積多年但只是積灰塵的物品，如：家電外箱、鞋盒、塑膠袋、紙袋和購物袋等等。你以為塞在看不到的角落，其實不知不覺就堆滿你的空間，而且只會造成衛生問題。

你認為總有一天會用到它，不過往往等不到那一天！那些雜物就一直默默地等待著被你注視。如果是很實用的物品，如鞋盒或是購物袋，那麼選擇留一～二個就足夠，其餘的建議你果斷的清理它。

另外還有一些對你而言是富有回憶的物品，想留作紀念捨不得丟棄。如果可以展示並佈置在家裡，那就可以適當的保留。但若這些物品只是放在箱子裡，或是某個堆積灰塵的櫃子深處，也許一年裡你也不會拿出來回憶一次，那麼就好好與它分手吧！別再留戀了！

很多極簡達人都是將這類物品拍照儲存起來，電子化地儲存在雲端或硬碟裡，當你想到時就可以打開手機來看。雖然你摸不到實物，但重要的是你腦子裡的回憶不是嗎？

為了將生活空間留給生活在這裡的你，請不要被無意義的物品剝奪你休息的空間，我們需要一個下了班之後，能夠讓心靈真正放鬆的家。

▲ 家裡囤放了一堆購物紙袋，其實根本用不到。

▼ 在家裡打造一個能夠放鬆的角落。（場地： BULUBA 民宿）

05

改變生活，讓心靈更有餘裕

許多極簡收納相關書籍都有寫到，嘗試極簡生活後，共同的好處都是讓心靈更加放鬆、樂觀。因為空間裡充滿雜物時，生活在這裡內心就會不自覺的感到煩躁，家事永遠做不完、東西永遠收不乾淨的感覺。心情煩悶時就會想要找方法紓解，有的人瘋狂購物，有的人透過不停的吃來紓壓。家裡環境永遠無法變清爽，不斷的陷入惡性循環中。

看過一本韓國的翻譯書「我的極簡生活練習」，作者是為了不想做那麼多家務，因為懶惰且想改變

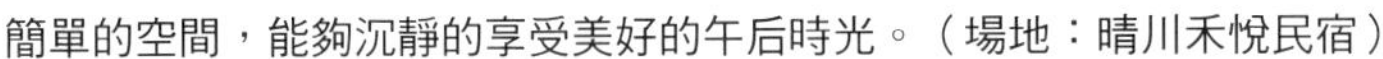
簡單的空間，能夠沉靜的享受美好的午后時光。（場地：晴川禾悅民宿）

容易憂鬱、煩躁的心情，下定決心成為極簡主義者。利用書裡的方式，無痛、無壓力的進行斷捨離，也適合許多新手。如果給自己太多壓力，反而失去了改變生活、改變心情的目的。

透過減少雜物堆積，減少家務的時間。當你的生活空間，漸漸的往你想要的方向改變時，你才會有心情去注意到生活中的小確幸。例如品嚐一片蛋糕、一杯紅茶，都能讓你整個下午心情大好。開窗吹進的陣陣微風，也能讓你忘卻生活上遇到的鳥事，沉靜的享受美好時光。

現在開始一步一步進行吧！可以從丟棄物品開始，也可以從減少購物開始，只要你願意開始，你的心靈都會得到解脫的感覺。請學著放過自己，好好享受生活。

06

善用裝飾品美化家裡

雖然很多人的極簡生活，是崇尚家裡空無一物似的，沒什麼傢俱，極簡到一個極致。如果要求自己要做到如達人般極簡，反而會給自己太大的壓力，反而很難開始嘗試。其實只要打造出比原本的環境更加精簡及清爽，那麼你就有達到令你滿意的極簡生活了，朝無壓力的收納目標前進吧！

你也可以不用追求空無一物的環境，反而利用一些可以令你愉悅的物品裝飾家裡，重點式的裝飾再搭配簡約的環境，反而會讓你更能放鬆。請記住！不要一下子就要求太高，反而容易半途而廢。

有些人喜歡插花，每週一天讓自己享受插花的樂趣，再將花束點綴在家裡，除了紓壓也可以讓家裡充滿淡雅花香。

有的人養了小貓或小狗，家裡不需要過多裝飾，我的寵物就是最吸睛的重點。在

每個角落都有小巧思，可以靜靜的觀賞。（場地： BULUBA 民宿）

窗邊放一個座墊，或是貓跳台，讓我的貓寶貝每天在那裡享受日光浴，我也會倒杯茶坐在旁邊欣賞著「牠」的背影。相信很多貓奴都有一樣的嗜好，觀賞著自己的寵物，這就是我家裡最可愛又動人的裝飾重點。

很多朋友會把具紀念的照片洗出來裝飾在牆上，每天經過都可以欣賞，親朋好友來也可以一起分享討論。

但記得家裡的裝飾重點不要多，過多的裝飾物品反而會使家裡看起來雜亂無章，也要花更多時間去整理。簡單且富意義的裝飾是重點，太多重點反而失去簡約的目的。

07

簡單生活的選物原則

若無法決定哪些物品該丟與該留，哪個物品可以買？可以在整理時以及購物前，思考一下下列問題，則能幫助你做出決定。

1. 二年內有使用過嗎？

一開始先以二年來思考，如果可以你也能更嚴格一點，這一年內都沒使用過即可整理掉。也許你無法一開

沒有過多的佈置，這裡就是讓我最放鬆的位置。（場地： BULUBA 民宿）

不知不覺就累積了這麼多名片，只是堆在角落生灰塵。

整理時才發現家裡竟有四台果汁機，有三台一年裡連一次都沒拿出來使用過。

始就這麼果斷，但請儘量告訴自己，若超過二年都沒用過的物品，請認真思考是否要送人或是二手賣掉，抑或丟棄。

有的衣服、鞋子、包包等等，這一年裡你都沒用到過，或許你沒有適當的場合可以使用，或是身材變形了，若超過二年真的依然塵封在櫃子裡，代表沒有它也無妨啊！

另外還有許多卡片、名片、信件等等，雖具紀念性，不過也是只是佔據抽屜位置而已。可以拍照或掃描留存，實體就丟棄吧！就讓回憶封存在腦海及電腦裡。

2. 用途重複性高的物品

有的物品雖然不是最常用的，但卻因為當初購買太昂貴，或是幾乎全新，覺得丟掉也太可惜了，就像捨不得放手的舊情人般，一直佔據你生活的某個位置。

記得家裡有一台豆漿機，當初購買時是為了幫家人製作營養豆漿，不過買來至今放了二年了，家人連一杯都沒喝到過，還是去超市購買更為快速。還有果汁機家裡就不知有幾台了，從第一台價值三、四千的重量級果汁機，到最新型的輕巧個人杯果汁機都有，而最常使用的卻是最便宜及輕巧的果汁機。像這種家電用品重複性高，卻因為捨不得而堆積在廚房，還不如拍賣或送人吧！讓它找到更適合的人家。

3. 資訊是否已經過時或用不到了

相信很多人都喜歡旅遊，旅遊前會購買許多旅遊書來做功課，也會蒐集旅遊相關的雜誌，不知不覺已堆積好幾個書架櫃位。但你多久才會去翻閱你五年前買的那一本旅遊書或雜誌呢？甚至有的書籍歷史更久遠，許多資訊早已事過境遷。具有參考性及紀念性的文章，可以掃描存檔在電腦裡。

也許有些資訊你已記住了，或是已經去過那個國家了，接下來要再去的機會很渺茫，並且現在有

精簡後只留下真正想看的書籍。

很多 APP 都可以替代，那麼就將這些用不著的書籍整理掉。書架上請留下你一定會再拿出來閱讀的書籍，讓書櫃留些空位更能製造簡約的風格，並且把位置留給即將來到家裡的新書吧！

4. 不需要預備庫存

日常用品是大家最容易囤積的物品，舉凡沐浴乳、洗髮乳、保養品、清潔用品、衛生紙……等，是每個家庭都習慣囤積的物品。

住家附近就有賣場、超市，網路上購物也能隔天到貨，實在是不需要預留庫存。很多女生喜歡在特價或週年慶時，買大量的保養品存放，認為非常划算且賺到了，事實上很多東西根本用不完就過期了。請你好好評估你的使用量再來購買，不要被促銷價格或是超值文案等商業手法洗腦了。

也有朋友因為習慣性購買沐浴乳、洗面乳等，買了一堆也忘記存放在哪裡，結果習慣性一直重複購買，最後快到期了就非常緊急的大量使用，這樣真的有省到錢嗎？請養成用完後且立即需要時再購買，製造日期愈新的產品，品質反而更好，請把辛苦的血汗錢花在刀口上啊！

5. 是真的需要才買嗎？還是只是想要而已？

大家最常被第二件五折、買二送一等促銷手法給迷惑，很多人都會認為自己有省到而不自覺中下圈套，殊不知這只是業者的行銷手法，目的是要你購買原本不在你需求內的物品。還有許多限量、獨家的用詞，就是要逼你掏出錢來啊！

其實你需要的不多，不用為了未來而預先消費。（照片提供：YAMAZAKI TAIWAN）

每到這時候，請先問問自己：「你現在立即需要的是什麼？」你是只需要一瓶、還是二瓶都會立馬用到？若買回去只是囤放起來，那代表目前的你不需要。若當下購買時有點猶豫，請先離開並給自己一、二天時間思考，價格越高思考期間請拉長，若因此錯過該項限量物品，那也不要灰心，至少你有練習控制衝動購物且幫自己省下荷包。你要慶幸自己沒有掉進行銷的圈套裡，也許之後你會遇到更好的商品以及更好的價格！

記得之前有購買過某家日式平價服飾，上面寫著限時特價就衝動購買一件 599 元的衣服，但促銷期過後，該品牌又用別的名目，打著限時促銷，結果特價 549 元，

真正會用到的物品，其實只有這些而已。（照片提供：YAMAZAKI TAIWAN）

同一件衣服我提早二週買，就貴了50元，當初若先思考是否真的需要，就不會因為衝動而當冤大頭了！

6. 請堅守買了一個新物品後，至少要丟掉家裡同性質物品的原則

看到櫥窗裡的新款服飾，今夏流行的涼鞋，都讓人好心動。明明衣櫃裡已經塞滿了衣服，但每到換季促銷時，仍有好多想帶回家的衣服。但有沒有發現，你往往穿的衣服都是那幾件，或是都是同一種風格。只要秉持前述的幾個原則，仔細思考後，若仍然決定要購買，請遵守買一件至少丟一件的原則。買了一件短褲，那請挑出不穿的一件短褲丟掉，用此方法節制你的衝動消費，當你在思考要丟哪一件時，也許你就不想買了。

購買之前請仔細思考，有沒有相似的服飾？有

堅持不買重複的衣物。

好用的包包 2 ～ 3 個就很夠用了。

沒有可以丟掉的？只要練習在購物前與自己對話，告訴自己只買需要的而不是想要的。

7. 選擇可以使用多年以上的物品

購買這個包包時請思考，這個包包是否可以使用五年以上？除了要實用及耐用之外，與自己一直以來的風格是否搭配？一年四季各種場合使用都適合的物品，才是值得你購買的選擇。例如：花色是否百搭、款式大小是否符合你的需求、材質是否堅固、保管是否容易、是否有可替代的包包、價格是否物超所值，在你仔細思考之後，再來決定要不要購買。

為了減少家裡的物品，保持簡約的生活風格，請精挑細選每一項物品吧！

08

維持「剛剛好」的物品數量就好

如果把物品都控制好數量，就不需要那麼多收納空間了，但什麼是剛好的數量呢？日用品請用完了再購買，不要因為促銷活動而過量囤貨，而增加不必要的花費。

生活機能很方便的現代，若你的時間允許，請嘗試只購買當天要煮的食材，一把蔬菜、一盒絞肉、一盒豆腐等。如此除了不會佔據冰箱空間，每天也能吃到最新鮮的食材，並節省冰箱的電費。相信很多人都知道，塞滿滿的冰箱反而會消耗更多電能去維持溫度，所以請從這些小地方練習節約及簡約生活。

服裝的數量也是要簡化，當你替換了一件服飾，就請你先丟掉一件後，才能再買一件新的。鞋子壞了再購買新的，其實你需要的永遠比你所想的還要少很多。有的小朋友因為持續長大，所以只會擁有一雙球鞋、一雙涼鞋或拖鞋，等到穿不下了，父母

只留下適合你的衣服和飾品。（照片提供：YAMAZAKI TAIWAN）

才會買新的來替換。所以大人的我們也該如此，請依照自己的實際需求，準備最簡單的數量，相對的你可以購買品質好又耐穿的品牌，就算貴一點點也沒關係，因為這雙鞋你可以穿個三、五年以上，換算下來也是非常划算的。

許多知名品牌除了耐穿也耐用，重點是價格也很實惠。例如：GU、UNIQLO、GAP等等，我會趁著週年慶或有活動時，才依家人實際需求去補貨，但記得一個原則：買一件就要丟一件！

與其在網路上或路邊隨興衝動購物，常常因為不耐穿或是品質問題而丟在角落，導致你每次看到新的產品都想要買，如此惡性循環才是使家裡充滿雜物的原因，讓我們練習將金錢和時間花費在值得的事物上。

09

讓喜歡的物品成為主角

還記得到日本買的那枝筆、那本筆記本、那個包包……等等，相信每個人旅行時都會購買很多紀念物品，那麼就將這些具有特殊意義的物品，成為你最常使用的主角吧！

筆筒裡的筆一堆，但其實最常用也最好寫的永遠只有那幾枝，所以留著常用又充滿回憶的物品就夠了。當你在使用時，可以回想一下購買的情境，珍惜這個物品，也會讓你感到幸福並滿足。

感受到幸福的方法可以很簡單，不是指你所擁有的物品多寡，而是你對於所擁有的物品是否有珍惜之心。也許是和最好的朋友一起拍的照片，這就是最好的裝飾品，放在家裡重要角落，每天都可以欣賞也會更加珍惜身邊的人事物。

旅遊也是讓許多人感到幸福及舒壓的方法，從生活上透過簡約的方法所省下來的錢，可以讓我去做更多想做的事。邊實行著極簡生活，邊想著接下來要安排去哪裡旅行，規劃旅遊行程也是很幸福的事。在國外也能購買到更超值及耐用的物品，因此我很少在台灣購買日常用品，我會在旅遊時順便將家裡所需物品帶回家，每天在家都可以感受到當時旅遊的心情。

家裡因為極簡生活，使空間變得更加清爽，也讓我能在家裡充分放鬆，看著讓我感到幸福的物品，我的心靈富足了，就不再需要利用購物來滿足自己了。

用具有意義的物品來裝飾就足夠了。（場地： BULUBA 民宿）

10
讓孩子一起動手整理

配合孩子的視線和動線收納

孩子下課後，訓練他自動將書包及學校物品，放置在專屬的區域。高度要符合孩子的身高，利用一些層架或置物籃，讓物品可以安穩地放好。

還有一些學校的物品、外套等，也要有專門的位置，讓孩子習慣自己收好。下課一進門就將物品放好，接著換衣服、洗手。出門上課時，也能快速的準備。

從小訓練自己的空間自己負責

建議在孩子還沒讀幼稚園時，就可以開始訓練，如此可以讓他們知道自己的東西

請跟小朋友一起整理、收納他們的玩具，並提供玩具專屬的空間。
（場地：晴川禾悅民宿）

（場地：重力築旅民宿）

要自己保管好。練習物品要歸位、收納和整理，自己的玩具區和書桌空間，也都是屬於他們的掌管空間。

一開始父母可以一起陪同收納，並邊和他們聊天，說明收納的好處以及東西亂放的壞處，從小就練習自己的空間要自己負責。

小孩漸長後，父母要放手讓他們學會自己整理，也許他們也有自己的收納意見，大家可以一起討論，並請試著接納小孩自主的想法。不過前提是父母要提供適當且足夠的收納空間，並且以身作則，簡約生活是要全家人一起實行的。

玩具的數量也要練習簡化

不要因為寵溺就毫無節制的買玩具給小孩，請幫小孩購買真正耐用且有安全標章的玩具。每當買一個新玩具時，請將相似或不玩的玩具整理出來，可以二手拍賣或是送人。只有在重要節日才買新玩具，不要讓孩子養成玩具很容易得到，而不懂得珍惜的心理。

孩子難免會因為看到想要的玩具而吵著要得到，這時可以請孩子先等待下個節日到來，並帶孩子到各商場多多比較，節日到來時請父母一定要依照約定！而孩子會因為很難得可以買玩具，反而會認真思考要買哪一個，並挑選出自己真正喜歡的玩具。

這樣做 基礎收納

自由、快樂、簡單的人生正在前方，
此刻就開始練習無壓力整理吧。

Basic Storage

玄關及客廳

ENTRANCE and LIVING ROOM

玄關是一進門最顯眼的空間，也是最易雜亂的地方。

要規劃好一進門就可以立即將物品依位置存放好的動線，可以利用收納盒來分類信件、帳單等，要丟棄及待銷毀的文件也集中收好。讓你的玄關也可以井然有序！客廳是一家人相處的空間，也是一個家最重要的空間。

放上喜歡和舒適的沙發及茶几，不論你是一個人住或是一家人住，客廳是最能感受到溫暖的地方。

客廳保持簡單的風格，使整理更方便。（場地：BULUBA 民宿）

乾淨清爽的玄關空間。（場地：BULUBA 民宿）

玄關

可以放置進出門時會需要使用的物品，考慮到使用的時機及動線來收納，就會簡單許多。如：進屋時要穿的室內拖鞋、外出時要帶的雨具、繳費單、購物袋或消毒用品等等。

鑰匙及帳單

把收到而未處理的文件、帳單集中存放，不要隨易亂丟。已處理好的則另外收好，可以放在書桌抽屜或收納櫃裡。

鑰匙和外出需要攜帶的消毒物品，都放在玄關處。（場地： BULUBA 民宿）

鑰匙可以吊掛或放在收納盒裡，養成固定物品放在固定位置，才不會在每次出門時都因為找不到物品而緊張。

客廳

很多人的客廳空間也許不大，可以省去沙發及太多的收納櫃，擺張長桌及座墊，省去買沙發的錢以及整理的時間。客廳的風格越簡單越好，你需要的是空間而不是一堆物品。

電視櫃

電視櫃的收納也很重要，減少堆放物品在表面，儘量將電視盒等影音用品及線路，都藏在電視櫃裡，客廳的視覺感馬上變整潔。

若家裡空間有限，那麼也可以將玄關與電視櫃空間結合，但切記表面物品越少越好，才不會使空間變得雜亂。

櫃子表面的物品減少，看起來更舒服。（場地：晴川禾悅民宿）

簡約的客廳設計，讓心也跟著簡單。（場地：重力築旅民宿）

Basic Storage

書桌空間

///

DESK SPACE

（場地： BULUBA 民宿）

”

書桌只需留下常用的文具，
以及看書和打電腦的空間，
因此書桌不用太大，只放必要的物品。

應該很多人都難以抗拒精美文具的魔力，看到可愛或富創意的文具就想帶回家。但常常不知不覺就累積太多也用不到，回頭看真的只是浪費錢而已。其實每樣文具各有一樣就好，當你擁有的越少，就會發現需要的也很少。

文具只是輔助的工具，而且購買容易，因此不需要先預先消費帶回家，真的用完了再補貨就好。練習簡約的生活，將生活空間留白，才能打造舒適的環境。

（場地：晴川禾悅民宿）

文具收納

不要買太大的收納盒，因為越大反而會想塞滿它。適當的收納盒，放上必要使用的文具，其餘較少使用的就放在抽屜裡。

除非你的工作很特殊，需要大桌面、大螢幕等等，一般人只需要可以看書和使用電腦的桌面空間即可。

小小的桌面已非常夠用了。（場地：小公館人文旅舍）

文具只有幾樣，收納也變簡單。

書桌共用

除非你的工作需要特別的桌面，不然建議購買簡單小型的書桌或是利用餐桌充當你的工作桌。當要用餐或是有客人來訪時，再將桌面物品收拾到收納櫃等位置，這也是非常方便又節省空間和預算的作法。

利用移動式的抽屜，在收納和移動時都非常迅速，建議空間不足及想打造極簡空間的朋友們參考。

▼ 在家不需要工作的話，就不用特別準備書桌，在客廳就能做很多事。

▲ 可以當茶几也可以當書桌。（場地：重力築旅民宿）

Basic Storage

廚房空間

KITCHEN

（場地：晴川禾悅民宿）

> 廚房是最容易髒亂的空間，尤其是每天都要下廚料理的主婦們，維持廚房的整潔，才有好心情做飯，給家人最安全健康的料理。

廚房的檯面上不要放置太多的物品，只留下最最常用的物品，其它的儘量收到櫥櫃裡面。因此，廚房收納櫃的收納功能非常重要！

也不要貪小便宜，一直收集許多用不到的物品，例如：塑膠袋、購物袋、贈送的碗筷等等。請練習如同極簡生活般，減少所有的物品，只留下必須的數量即可！

▼ 廚房可以放上地墊，避免料理時湯汁等髒污滴下來弄髒地面，請選用耐用且好清洗的地墊。（照片提供：大樹小屋）

▲ 善用收納架，打掃更輕鬆。（照片提供：YAMAZAKI TAIWAN）

碗盤收納

你也喜歡收集美美的碗盤嗎？如果你的廚房很大、櫥櫃很多，或是常有人來作客，我認為收集美麗的碗盤就很適合你。

但若你們只是一般小家庭，其實只需要留下每一餐會用到的碗盤即可。例如大人和小孩共四個碗；每餐約煮三道菜可以留大小不一約三至四個盤子；再加上每人的餐具。其實只收納這些數量的碗盤，就不會有放不下或是雜亂的問題。

用餐完請立即清洗並瀝乾，下

留下必用的數量後，直立式收納更能簡省空間及方便拿取。（照片提供：YAMAZAKI TAIWAN）

不需要的鍋具請狠心淘汰吧！並用伸縮桿來放置鍋蓋。（照片提供：YAMAZAKI TAIWAN）

一次用餐時即可馬上使用！若擔心有親戚或客人來，可以在櫥櫃角落不常使用的空間裡，放上幾個碗盤備用。大部分的時間還是只有自己人用餐而已，所以請把主要的空間和位置留給自己。

鍋具

記得小時候媽媽在廚房都只用一個炒鍋，就可以煮出一桌子佳餚。現在有太多漂亮、各種用途的鍋子，形狀、尺寸也都各不相同，不過你真的有常常使用嗎？鑄鐵鍋、砂鍋、鐵鍋、不沾鍋、陶鍋、深鐵鍋等等，另外還有各種尺寸的湯鍋，再大的櫥櫃也放不下！

先想想自己最常做的料理，最常用到的鍋具有哪些？平常只做簡單家常菜，就留下一至二只你最上手的鍋子，頂多再加上一至二個湯鍋。其它你一個月才會用一次的鍋具，請把它放在最少使用的位置。

鍋具可以立著放，可以使用文件夾來放鍋子，用伸縮來放置鍋蓋，不容易傾倒，湯鍋就疊起收納。

冰箱

冰箱雖是每個家庭的必備家電，但有效地做好收納和食材管理，則是一堂很重要的課！只要養成良好的收納習慣及觀念，不囤積食物和食材，打開冰箱能一目瞭然地看清楚所有食材位置，不會因為沒看到或是忘記，而浪費食材及空間，利用一些簡單的方法，就能幫你省錢，還能節省做菜時間呢！

每週都要整理冰箱，隨時確認冰箱裡有沒有腐壞或過期的食材。若有髒汙或髒水流出，請馬上清理，避免使細菌滋生並影響到其它食材。可以用稀釋酒精擦拭冰箱，層架則可以一年拆下來清洗二、三次左右。

分享冰箱存放的正確觀念，大家一起來努力節能和維持健康好習慣！

也可以運用文件夾來放置鍋具、鍋蓋。

運用保鮮盒及收納盒收納，冰箱也要留些空間讓冷空氣流通。

冰箱門則可以放瓶瓶罐罐的調味料及飲料。

冰箱存放七分滿最佳

冰箱若塞的太滿，反而會使冰箱溫度上升，冰箱裡最好不要放超過70%空間，以利冷空氣流通，維持食材的冷度。先購入並放進冰箱裡的食物，應該要先食用完畢，以免食材放置過久而不新鮮。

生食放下層，熟食放上層

任何食物放進冰箱前，都要分別包裝後再冷藏，可使用保鮮盒或密封夾鍊袋，來延長食物保存時間，使食材間不易互相傳染細菌。生、熟食要分開放，以免交叉汙染。

冰箱上層及冰箱門處的溫度較高，下層及冰箱後壁位置溫度較冷。建議熟食應放上層，生食放下層，海鮮類水產品應置放最下層，以免水份流到其它食材上。

常開關冰箱，易使裡面溫度上升

每次打開冰箱，就容易使冰箱內的溫度升高，大家要儘量避免頻繁地開關冰箱，以室溫18度為例，打開10秒，溫度上升5度；室溫30度，打開15秒，溫度上升18度。

冰箱並無殺菌功能

冰箱冷藏效果只能減緩細菌成長，但不能殺死細菌，微生物在0～7度的溫度下仍能緩慢生長，所以食材並非放入冰箱就安全無虞。建議仍要考量家裡的人數和習慣來購買食材，不要以為多買一點放入冰箱就沒問題，任何食物若未馬上食用完，都會有細菌滋生問題。而生鮮食材也會因存放的時間而使營養價值下降，並且易受汙染變質。

食材存放方法

可以善用透明保鮮盒及夾鍊袋，將食材分類存放，可以隔絕細菌、減緩食材氧化，讓保鮮期更長。有食用日期限制的請標註在外盒，可以用自黏紙或易撕除的標籤紙。

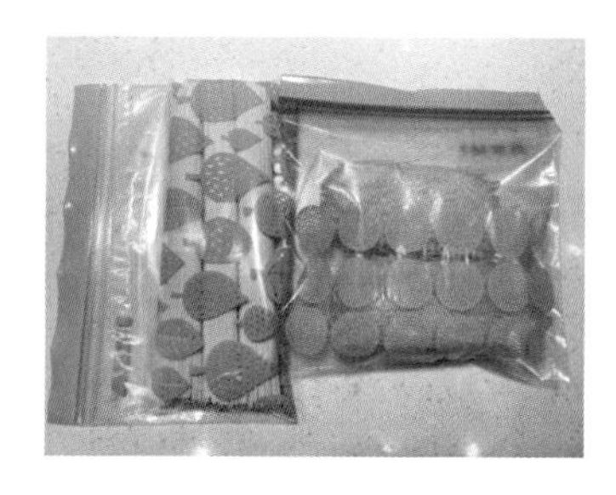

夾鍊袋收納—依據食材選用適合的夾鍊袋，建議購買雙層設計的袋口，密封效果更好。

保鮮盒收納—常有開封未吃完的食材及零食，建議放在保鮮盒裡存放。選用透明的保鮮盒，易看到內容物也方便堆疊。

保存期限標註—運用夾鍊袋及保鮮盒都方便標註保存期限，花點時間標註時間，全家人可以吃得更安心。

其它物品

廚房的物品很多也很雜，常因為是贈送或是特價關係，而堆滿了物品。如：杯子、餐具、收納盒、保溫杯等等。

檯面上只留下常用的調味料，好用又好看的收納提籃超方便。（場地：晴川禾悅民宿，收納提籃：YAMAZAKI TAIWAN tosca 手提收納籃）

伸縮桿非常好用，用來收納廚房物品非常方便。（照片提供：YAMAZAKI TAIWAN）

冰箱旁也能放置常用物品。(YAMAZAKI TAIWAN Plate 磁吸式瓶罐置物架)

只留下需要的碗盤、杯子和保溫瓶，並利用層架來收納。

保健食品請統一放好，並放置在水杯附近才不會忘記要服用。

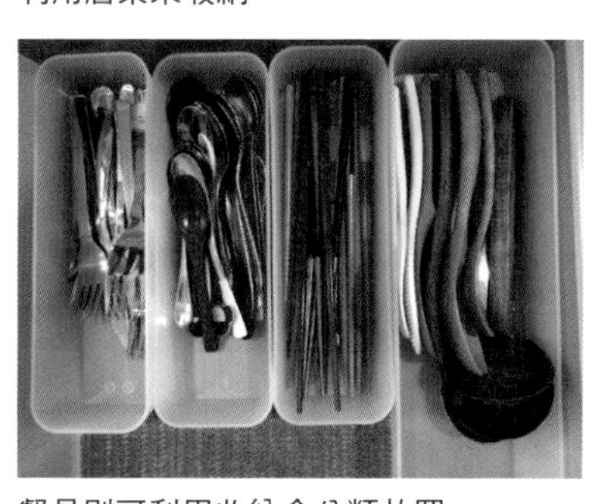
餐具則可利用收納盒分類放置。

請先將這一年都沒用過的物品淘汰，就如同淘汰衣服一樣，當你一、二年都沒使用過，代表你不需要它，請果斷的丟掉吧！每樣物品留下一家人每天會使用的數量，最多再留一份備用即可。

用過的塑膠袋請統一綁好收納，當要裝垃圾或食材時，就能拿來使用。不過也不是指所有的塑膠袋都要留下來，反而增加收納的困難，請留下幾個確定會需要的數量就好。

藥品及保健食品的部份，請留意使用期限，不要因為沒吃完就一直保存著，請隨時檢視並丟棄。保健食品可以放置在水杯附近，喝水時可以同時補充營養品。

Basic Storage

廁所空間

TOILET SPACE

（場地： BULUBA 民宿）

”

一個家裡的環境乾不乾淨，其實從廁所最能看出來，而廁所也是最難維持整潔的區域。加上如果家裡有小男孩，小朋友上廁所常常亂滴，洗完手也容易用溼地面，往往都會增加清潔的難度。

廁所最好要保持乾燥，才不易滋生黴菌和細菌。而且最好能乾溼分離，才不會洗個澡用得整間廁所地板溼答答。

其它的廁所用品和工具的收納方式，也是力求簡潔而且不落地，這樣在維持廁所整潔時，才不會太辛苦。廁所用品的色系，儘量挑選相同風格，才不容易感到雜亂。為了隨時都能有打掃的心情，請減少物品堆積並且養成隨手整理、清潔的順手整理法。

（場地： BULUBA 民宿）

洗臉台

首先要減少不必要的物品堆放在此，只留下每天必定會使用的日用品，如：牙刷、牙膏、洗手乳、洗面乳等。而女性的瓶瓶罐罐保養品，建議存放在收納盒裡，或是放在房間梳妝桌，減少廁所的物品堆積。

只放必需品，使用的物品越簡單越好。（場地：晴川禾悅民宿）

硅藻土也能用在洗臉台上，吸水功能使洗臉台不再溼答答。（照片提供：大樹小屋）

（場地：小公館人文旅舍）

將打掃工具用吊掛方式集中收納，可以放在廁所或後陽台。（照片提供：YAMAZAKI TAIWAN — tower 清潔用品收納推車）

浴廁物品收納

廁所空間小，因為常常使用，而容易使空間看起來雜亂。想讓浴廁不雜亂，就是把所有清潔及使用物品收納好，收到櫃子裡或是用文件夾分類且藏好，如此就能創造出清爽的空間。

清潔用具儘量離地收納，可以使用S掛勾或不鏽鋼夾子，將物品吊掛起收納。

善用竹籃或文件收納盒，廁所收納也可以很輕鬆。

日常使用的毛巾，儘量每日用完後即拿去清洗，不要將溼答答的毛巾掛在廁所裡，除了容易滋生細菌，也會使廁所產生濕氣不易乾燥。

在廁所放盆栽或香氛小物，消除廁所異味。（場地：小公館人文旅舍）

浴廁香氛

浴廁容易有異味，除了維持清潔之外，也可以使市售的香氛用品，來打造清新的空間。有香膏、精油、芳香劑等多種選擇，可以多多嘗試並挑選最適合的味道。

推薦好用的廁所香氛小物。

腳踏墊

腳踏墊也是細菌最易滋生的地方，而且也不易清洗，建議不要放在洗衣機裡與一般衣物一起清洗，大家常常會因為清洗方法而感到困擾。

建議可以使用目前流行的硅藻土地墊，除了不易滋生細菌，快乾不易髒，是許多家庭的選擇。

衛生又美觀的硅藻土地墊。（大樹小屋：硅藻土厚實吸水地墊）

Basic Storage

玩具間

TOY ROOM

（場地：晴川禾悅民宿）

”

收納也是一種家庭教育，學會整理、分類的孩子，
以後一定也比較自律，
透過收納來告訴小孩收納的好處吧！

給小朋友自己專屬的空間，放置自己的玩具和用品。並教導和陪伴他們練習收納，漸漸地放手讓他們自己收納，也能培養小孩的責任心和成就感哦！

有點雜亂的玩具間。

先將玩具取出並分類整理好。

用顏色區分

用顏色區分功能或類別，對小朋友而言也能較快上手。例如綠色盒子放火車、軌道；白色盒子放小汽車；黃色的放飛機等等。在找玩具時也比較可以快速找到，從小就訓練小孩如何分類和整理。

依據使用方式放置

較低的位置可以放小朋友最常玩的玩具，或是較大、較重的玩具放在下方，才不會造成拿取和收納的困難。並且教導他們排列和擺放，一眼望去就能找到想要玩的玩具。如果可以請選擇有蓋子或門的收納櫃，避免累積灰塵。

同樣類別的玩具放一起。

再依據大小和使用頻率放入收納櫃裡。

分類並整理好的玩具及書籍，使空間看起來更加舒適。

書籍整理

書櫃也是很難整理的一個區域，書櫃的空間如果夠大，可以將全家人的書都放在一起。小朋友的繪本可以依照大小排列，成套的書放在一起，教導小朋友按照大小或編號排列，也是一種樂趣。難免小朋友會亂塞亂放，不用太過完美主義要求，可以請小朋友每週整理一次，而大人也可以同時整理自己的書。全家人一起收納和打掃，是最好的身教及影響。

小孩專屬的小玩具收納盒

小朋友有許多小玩具，如：印章、畫筆、吊飾、擦布或是小型樂高等等，可以準備小收納盒讓這些小東西有自己的位置。小孩要找物品時也比較方便，小東西也比較不會不見！

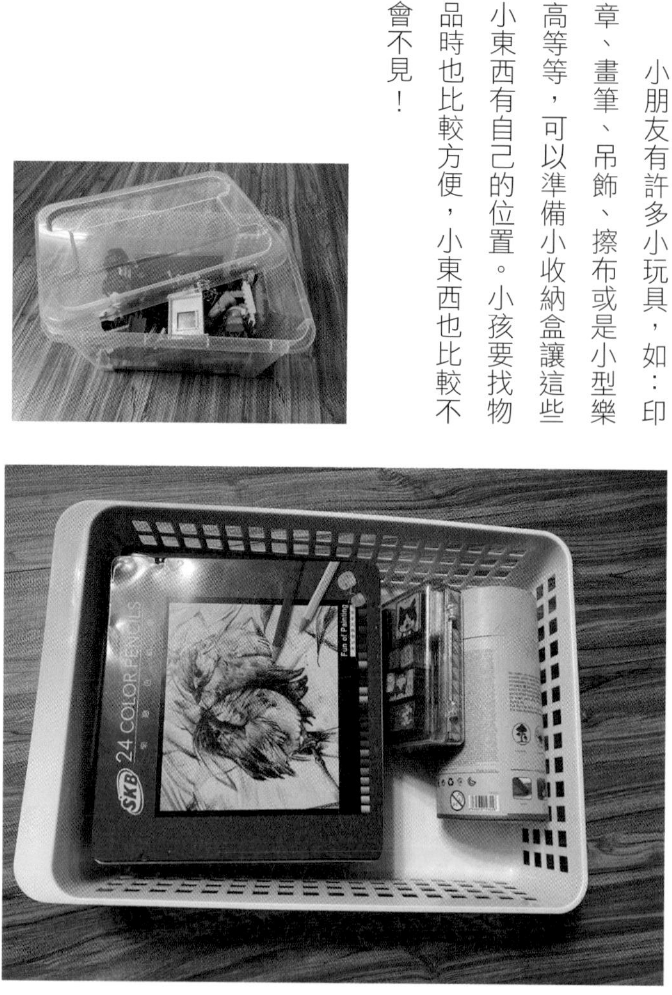

Happy Family
Happy Jumping

Basic Storage

衣櫃空間

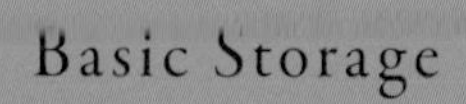

WARDROBE

”

你真的有辦法像日本極簡主義者那樣「0雜物」嗎？

請不要操之過急，用無壓力的微極簡整理法，你也能改變的！

不用給自己太大壓力，花點時間慢慢地找到最適合自己的風格和數量。先將衣服收納折疊整齊，並將這一年或二年沒穿的衣服先捨棄，之後再來慢慢減少數量。買了一件衣服，就挑出一件不要的衣服丟掉或送人，並且不要再添購衣櫃，請用現有的傢俱來減少囤積吧！

根據穿衣風格來為衣櫃瘦身

你的衣櫃是不是永遠沒空間呢？很難找到你心裡想穿的那件衣服？或是突然會翻到不知何時購買，全新且吊牌都未拆的衣服？

每個人其實都有自己習慣及適合的穿衣風格，所以你只要將不常穿或不好搭的單品捨棄，以後衣櫃裡只留下你常穿的風格服飾。之後外出不僅可以減少準備的時間，也不會遇到不知該穿什麼才好的冏境。

只購買適合你且好搭配的衣物

就算買了一堆新衣服，但穿了一次後，就會塞入衣櫃裡不見天日，且最常穿的永遠都是那幾件。

為了簡約的生活，請減少購買衣物的機會，一季頂多購買一～二件，買了一件就請淘汰掉一件衣服，否則衣櫃永遠也不夠用！想要享受極簡生活，就必須學會捨棄！

推薦以下幾件單品，各季節穿搭都很適用，並分享一些簡單的收納方法，一起練習將你的衣櫃瘦身一下吧。

1. 襯衫

百搭薄襯衫——薄的長袖襯衫，夏季時可以當罩衫，冬天時可以再加件毛衣，不失正式也很有型，是非常實用的單品。襯衫請吊掛收納，可依據顏色和材質來排列。

2. T恤

最常穿到的就是白、黑、灰色T恤了，純棉的T恤舒服又好搭配，不論是褲裝或裙裝，都是最好的選擇。但也別失心瘋的因為好搭好穿就狂買，因為T恤經過多次清洗後難免會有領口變形的問題，所以請控制數量。

T恤可以用直立方法收納，才能清楚看到花色也方便拿取。

3. 長褲

牛仔褲——藍色牛仔褲是最實用又百搭的顏色，休閒或工作時皆能搭配。購買二、三件好穿及深淺不等的牛仔褲，即能應付一年四季。

（牛仔褲的清洗祕訣：因牛仔褲多次清洗後易褪色，建議翻面清洗及晾乾為最好的保存方法。）

西裝褲——依據公司的規定來準備上班的服飾，就算是上身搭配T恤，下身穿著西裝褲也是不失正式，可以備有二、三件西裝褲輪流換穿。

長褲請使用吊掛方式收納，牛仔褲除了吊掛也可以用捲的方法收納。

4. 裙子或短褲

裙子可以分為長裙及短裙，大約各二～三件。短褲依據平時的風格，保留幾件不同顏色的來配合穿搭。短褲可以對褶直立收納。

5. 毛衣

穿到毛衣的機會也只有幾天，選擇適合你的穿衣風格毛衣。毛衣因為很蓬鬆，所以平放或立放都可以，但一定要減少數量，才不會佔據太大空間。

6. 大衣、外套

外套是最佔衣櫃空間的衣服，可以依需求準備一～二件羽絨外套、西裝外套和大衣。因為外套較長且較為厚重，無法摺疊收納在抽屜裡，如果要節省空間，可以用重疊的收納方法。將較薄的罩衫、背心先掛在衣架上，再將厚重大衣掛在外層，一個衣架就能吊掛一件以上的衣物。

當冬季過了，也可人用壓縮袋將大衣收縮壓扁吊掛，即能節省更多衣櫥空間。

7. 圍巾、絲巾

薄的絲巾與保暖的圍巾，擁有的數量不用多，可以吊掛在衣架上，或是捲起來放在抽屜裡收納。

8. 帽子

有夏天的遮陽帽、鴨舌帽、草帽等，還有冬天的毛帽。帽子若易變形，可以在裡面塞報紙撐住帽形，並用疊放的方式節省空間。

衣物和飾品的快速篩選方法：

1. 一～二年未穿過的衣物

常穿的往往就那幾件，請果斷地將你很少穿或是根本不會穿的清除吧！

2. 褪色、洗不乾淨或是寬鬆變形

有的衣物沾到污漬或是染色而無法穿出門，很多人會想說留在家裡當居家服或睡衣，但往往衣櫃裡的睡衣根本多到穿不完！睡衣請留二～三件就好，其餘的請丟棄或直接當抹布使用。

3. 貼身衣物半年～一年以上就要替換

超過一年以上的內衣及內褲，請直接丟掉並替換新的。有的貼身衣物若泛黃洗不乾淨，建議也馬上丟掉，為了身體的健康和衛生，請不要省這些錢。

4. 一年以上未使用過的飾品

因為便宜或衝動而購買的飾品，或是太昂貴而捨不得使用的飾品，請你立即果斷地的篩選，留下你真正會戴的物品，其餘的請捨棄吧！

5. 生鏽或變色的物品

物品若生鏽或變色，也請淘汰不要囤積了，因為你也不會戴著生鏽的物品出門吧！

6. 流行性太強且難以搭配

若之前購買太過時尚且難以搭配的衣物，不要因為昂貴而捨不得淘汰，不如讓給更適合的人吧！

7. 太大或太小都不用再收留

有的衣物或鞋子你認為差一點點尺寸，若丟掉太可惜，勉強還能穿就留下。但強留下不合適且穿了不舒服的衣物，不如二手拍賣，或是送給親友。有的人認為總有一天會瘦下來，所以小號衣物也一直留在角落，你我都知道，減肥是一件很困難的事，不如先將衣櫃瘦身，而減肥的事就慢慢來吧，等你瘦下來後再來考慮穿什麼，現在請先將穿不到的衣物淘汰。

已經氧化及生鏽的飾品，若無法恢復原樣則立即丟棄吧！

太過鮮豔且與平時風格不同的服裝，留著佔衣櫥空間不如送人或回收。

Basic Storage

化妝桌及飾品收納

DRESSING TABLE & ACCESSORIES STORAGE

真正會用到的物品，就這些而已。（照片提供：YAMAZAKI TAIWAN — tosca 雙層小物收納盤）

”

如果你想減少雜物，請留下你真心喜歡、耐用和好搭配的飾品。準備一個專門收納飾品的盒子，好好保管你精簡後的飾品，比起擁有大量但廉價的飾品，有質感的反而更珍貴！

女生最喜歡購買飾品了，不論是髮帶、耳環、項鍊、戒指等等，戴上飾品就能更加吸睛。

化妝品

幾乎每個女生都有滿滿的化妝品，但卻很難有用完的時候。因為會被新款的彩妝品吸引，就不斷的購買和囤積。只要改掉愛亂買的習慣，簡化化妝品，用完一個後再去購買，那麼你的化妝桌一定會更整潔。甚至你也許不需要化妝桌了，因為你可以在

不囤積化妝品，收納也變得很簡單。（場地：晴川禾悅民宿）

乾濕分離和通風良好的廁所，也可以作為化妝的空間。（場地： BULUBA 民宿）

廁所或是其它位置就能完成保養及化妝。

飾品收納

專為飾品設計的收納盒，剛好可以放耳環、戒指等等。抽屜的設計，可以防止沾上灰塵。若不常戴的飾品，建議使用夾鍊袋包裝，避免快速氧化或是沾上灰塵。不過仍然要提醒女性朋友們，請克制購買的慾望，否則再多的收納盒也不夠放。

精簡之後，留下真心喜歡的飾品。（照片提供：YAMAZAKI TAIWAN — tosca 雙層小物收納盤）

Basic Storage

前後陽台

FRONT & REAR BALCONIES

最適合泡杯咖啡放空的陽台空間。（場地：小公館人文旅舍）

”如果你的家裡有陽台，那請好好珍惜及整理這個空間，也許它可以搖身一變，成為你最常流連的小小天地。

前陽台空間

有的房子有陽台與玄關整合的設計，就可以整體延伸來做佈置，除了進出門時所需要的機能，還可以放上鞋櫃與穿鞋椅。

若是單獨的陽台空間，可以在陽光滿溢的窗邊，做一些植栽空間設計並放個桌椅，偶爾也能在陽台看本書或喝杯咖啡，享受陽光的洗禮。

假日可以在陽台耗上一下午，看本書也能欣賞美景。（場地：晴川禾悅民宿）

高樓層的陽台可以做個吧台設計，坐在這裡看著市景好愜意。（場地：小公館人文旅舍）

後陽台空間

雖然後陽台一般人不會進入，所以是最容易堆放物品並疏於整理清潔的空間。將洗衣物品及打掃工具，依序的收納好，不落地的吊掛方式更易於整理。另外要減少雜物就必須克制囤積的習慣，不要因為特價就購買太多的洗衣精等清潔用品，這些促銷方法只是商人為了讓消費者提前消費的手法，請快用完時再補貨即可，現在購物非常方便，真的不必要為了未來而提前消費。

後陽台可以放置工具，多功能的吊掛收納推車，讓你的後陽台不雜亂。（照片提供：YAMAZAKI TAIWAN — tower 清潔用品收納推車）

Basic Storage

其它收納

OTHER STORAGE

（照片提供：大樹小屋）

”

請分門別類放置好物品，將相同屬性、使用頻率等物品收納在一起，這樣在尋找時才能快速連想並也方便收拾。

家裡有一些小物，若沒有收納好，一不小心就會使家裡看起來很阿雜，也常常會在需要某項物品時，卻總是找不著。

藥品收納

將家裡常備的藥品，先放在收納盒再收在櫃子裡，並隨時留意保存期限。有些人會將診所拿回來沒吃完的藥留下來，建議當次沒吃完就要丟棄。除

了一些可以保存的藥水則可以留下來，其它分裝的藥粉、藥丸請丟棄。藥品最好放置在高處，才不會被家裡的小朋友或寵物誤食。

充電線、延長線等

相信大家的充電線一定非常多，不論是手機、相機、手持電扇、小朋友玩具等等。充電線建議可以收集在一起，並貼上標籤註明是哪樣物品使用。如果該項物品已丟棄，請記得將充電線一併丟棄，減少堆積。

延長線和充電線的綑綁方式，請用繞圈圈的方式收好，才不會過度拗折電線導致損壞，使用時造成危險。綑綁時也不要太緊，可以使用電器專用收

精簡後的電器線只有這些，用夾鍊袋就不用拗折電線也能方便收納。

養成好習慣，外出自備消毒物品。（場地： BULUBA 民宿）

納線或是夾鍊袋收納，既安全又不減短電器壽命。

外出消毒物品及防蚊液

現在因為疫情關係，大家都習慣自備酒精等物品使用，建議可以放置在門口玄關處，在你外出時就會記得隨身攜帶。

PART 4

：打造健康的居家環境

做出改變吧，採用更聰明的方式應對世界，
或許能幫助你更輕鬆的
走上你理想的極簡生活樣貌。

01

打掃的好幫手——必備好用的清潔劑

1. 小蘇打粉

小蘇打粉的化學名為「碳酸氫鈉」，是白色的細小晶體，在50℃時，可以分解為碳酸鈉、二氧化碳及水，溶於水後呈現「弱鹼性」，屬於天然無毒的存在。

購買大包裝的食用性小蘇打粉放在家裡，是非常實用的天然清潔劑。能夠用來清洗蔬果殘留的農藥。或是在200c.c. 溫水裡加上一大匙小蘇打粉，裝入噴霧容器中，適用於居家各種清潔，像是廚房常存在的油污和水槽的水垢，或是有擦不掉髒污的流理檯、瓦斯爐檯面，甚至是排水口，用在各種酸性污垢及各式頑固物品磨砂清潔用。

家裡各處的清潔，如房間、玄關、地毯、榻榻米、紗窗、窗戶、餐桌、地板等任何有髒污、油垢之處，噴灑小蘇打水後，靜置1分鐘，再用吸水海綿擦拭，都可以達到很棒的清潔效果。

洗衣時也可以加入少許小蘇打粉用來消毒及除臭，但一定要徹底溶解後才有幫助，否則容易殘留在衣物纖維中，減短衣物壽命及造成皮膚不適。

2. 檸檬酸

檸檬酸主要的功能是去除水垢、尿垢、肥皂垢等。可以去除鹼性污垢，或是在氣味較重的空間，如：廁所或寵物用品，用檸檬酸清潔擦拭後，能消除臭味。

水槽的排水管常留下許多污垢，可用檸檬酸加水倒入排水管後，加入一大匙小蘇打粉，蓋上排水管的蓋子，酸鹼中和出現泡沫可清潔管內髒污。勿與含氯清潔劑及漂白水共用，以免產生氯氣導致危害。

3. 過碳酸鈉

可以去除黴菌及細菌，也能去除頑強的油污。過碳酸鈉是一種氧系漂白劑，常被用來添加於洗衣精、洗衣粉中，它無毒無味，跟小蘇打、檸檬酸一樣屬於天然的清潔劑。

溶於水中的過碳酸鈉，可以分解成過氧化氫（雙氧水）跟碳酸鈉（蘇打），但它跟小蘇打又有點不同，並不只是單純依靠鹼性達到除汙的效果，而是雙氧水跟碳酸鈉會互相作用，達到漂白殺菌跟去汙的效果。

4. 漂白水

漂白水是一種強而有效的家居消毒劑，主要成分是次氯酸鈉（Sodium hypochlorite），能使微生物的蛋白質變質，有效殺滅細菌、真菌及病毒，可使用稀釋的家用漂白水來消毒環境。過量使用漂白水或使用濃度過高的漂白水，會產生有毒物質污染環境，破壞生態。

以1：99稀釋家用漂白水（以10毫升漂白水混和於1公升清水內），可用於一般家居清潔。

使用稀釋漂白水要特別注意，避免用於金屬、羊毛、尼龍、絲綢、染色布料及油漆表面。避免接觸眼睛，請戴上手套使用及清潔。不要與其它家用清潔劑一併或混和使用，避免降低殺菌功能及產生化學作用。當混合於酸性清潔劑，如一些潔廁劑，會產生有毒氣體，可能造成意外。如有需要，應先用清潔劑清潔及用水清洗後，再用漂白水消毒。

未經稀釋的漂白水在太陽光下會釋出有毒氣體，所以應放置於陰涼及兒童接觸不到的地方。經稀釋的漂白水，存放時間越長，殺菌能力便會降低，所以最好在24小時內用完。

5. 酒精

因為新冠病毒流行，大部份的人家裡幾乎都自備75%濃度的消毒酒精。除了可以作為手部消毒外，家裡一些無法用水洗的小物品，也可以用酒精擦拭或噴灑來消毒。如：電燈開關、門把或桌面等。

若購買到95%的酒精，可以將四杯的95%酒精加上一杯煮過的冷水，稀釋後即可以用來消毒。

使用酒精消毒時請保持室內通風，減少室內的酒精濃度，避免產生意外。也不建議噴灑在衣物上，容易因產生靜電而起火。也避免用在廚房或電器，容易因高溫或小火光而引起火災。

建議用抹布沾取酒精擦拭3C產品及家具等，但務必讓酒精確實揮發。

02 —— 除濕機及空氣清淨機

除濕機的好處和使用方法

台灣屬於多雨的潮濕地帶，很多家裡的空間因為太潮濕，有發黴和難聞的氣味，因此使用除濕機可以解決家裡的黴味和塵蟎滋生。一篇發表在《環境健康觀點》（Environmental Health Perspectives）的研究指出，潮濕和黴菌會增加過敏和呼吸系統問題的風險。

因為除濕機較重又佔空間，一般人都是放在角落來使用。但除濕機最好的位置是在空間的正中央位置，最好和牆壁保持10～20公分以上的距離為佳，若能再搭配電風扇或室內循環扇增加空氣對流，則更能夠達到除濕效果。

濕度最好在50～60度，才能抑制塵蟎。為了安全，避免發生意外，建議不要在外出時打開除濕機，可以人在客廳時，房間裡使用除濕機，若在除濕時人也不得已在同個空間時，就要隨時注意，當感到太過乾燥時，就要停止除濕。

除濕時可以將衣櫃抽屜打開，並且關緊門窗，才能有效除濕。並且要定期清洗濾網和水箱，水箱裡的水若沒有倒掉，反而會增加室內的濕度。

除濕機的功能五花八門，請挑選適合的坪數以及可負擔的價格，而且很多除濕機也有包含空氣清淨機的功能，真的可以一機抵二台使用。

空氣清淨機的好處和使用方法

空氣污染及過敏原問題越來越嚴重，有很多機型還有抑制病毒的功能，家裡若能備有一台空氣清淨機，就能減少將有毒物質吸進體內。

請將空氣清淨機放置在靠近人體的位置，例如：睡覺時就放在床邊，才能呼吸到乾淨的空氣。使用時記得要關閉門窗，避免室外的髒空氣流入，但仍需要留有一個縫細讓空氣流通。進風及出風口也要保持暢通，才不會影響使用效果。

使用前請記得拆掉濾網的封膜，並且要定期清洗及替換，才不會影響效能及浪費電量。建議家裡要購買一台空氣清淨機，保護家人的健康。請根據個人需求和預算來挑選，若家有小孩或有過敏體質的人，請選擇能有效除菌和消滅有害氣體的機型。

（場地：BULUBA 民宿）

03

浴廁清潔方法

廁所裡的物品請儘量不要放置在地面，才不會累積髒污及黴菌。廁所裡最惱人的問題就屬黴菌了，因為要保持完全乾燥實在太難了，因此有以下小方法可以去除煩人的黴菌。另外還有水垢的問題，可以使用市售的除水垢清潔用品，或是小蘇打粉來清除。

（場地：BULUBA 民宿）

在洗澡或洗手之後，請立即擦拭水漬，可以使用刮刀及海綿擦拭，才不易卡水垢及皂垢。

而要減少廁所的難聞氣味，就要隨時保持馬桶的清潔。可以使用市售的馬桶清潔球，每次沖水時，都能立即去除污垢和保持芳香。若仍無法完全清潔尿垢時，也可以使用一些簡單的方法來清潔。

去除黴菌小祕訣：

1. 將濕紙巾或廚房紙巾浸在漂白水中。
2. 將紙巾敷在發霉的位置。
3. 請靜置約2小時以上。
4. 再將紙巾拿下，並用清水刷洗即可。

（使用時請戴上手套及口罩，並保持廁所通風。）

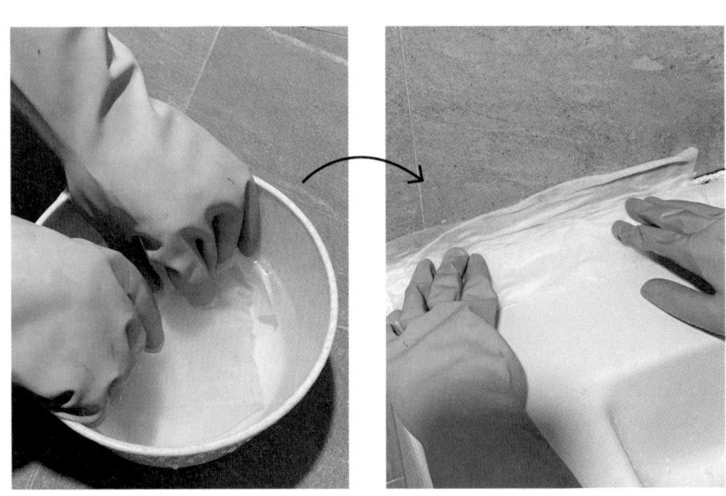

取濕紙巾浸在漂白水中

濕敷在要除黴的位置

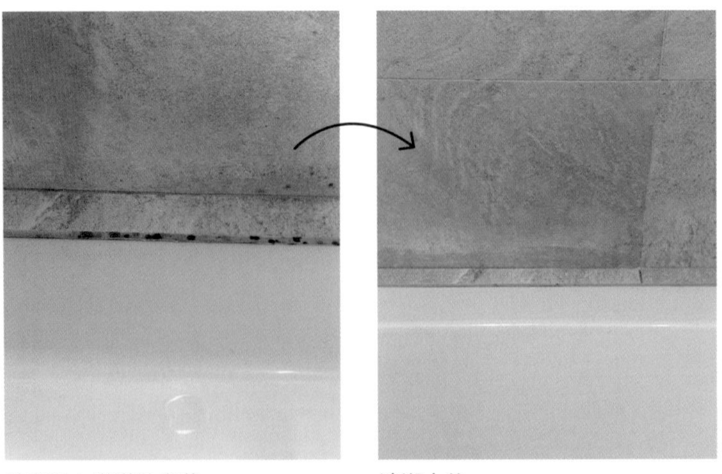

清潔前：滿滿的黴菌

清潔之後

去除水垢小祕訣：

1. 將廚房紙巾浸在白醋中。
2. 將紙巾敷在水龍頭上。
3. 靜置1小時以上。
4. 將紙巾拿下，並用泡棉刷洗。
5. 可在將菜瓜布沾上小蘇打粉刷洗，更有效果。

（也可以使用檸檬酸水噴灑並靜置10分鐘後刷洗。）

（場地：晴川禾悅民宿）

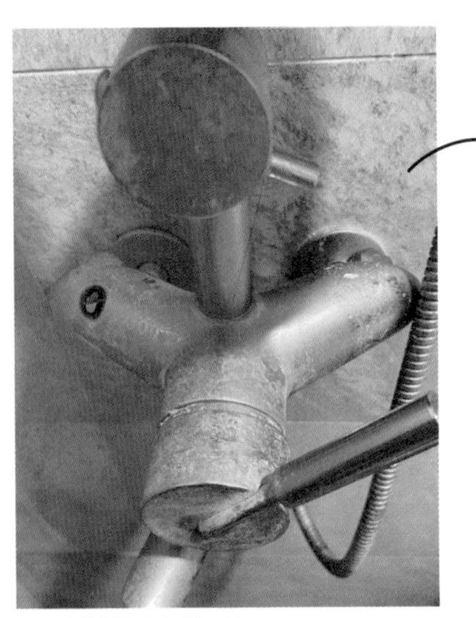
水垢佈滿了水龍頭

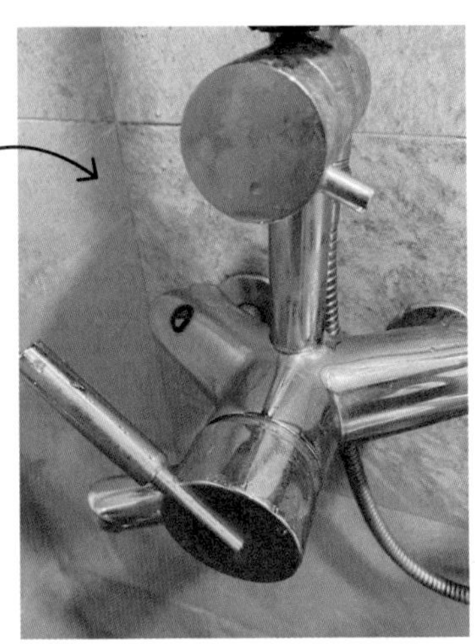
清潔之後，跟新的一樣

廁所裡玻璃上累積許久的水垢

用檸檬酸水清潔之後，變得很乾淨

馬桶清潔小祕訣：

1. 將小蘇打粉及白醋撒在馬桶裡。
2. 靜待20分鐘以上。
3. 用馬桶刷清洗。

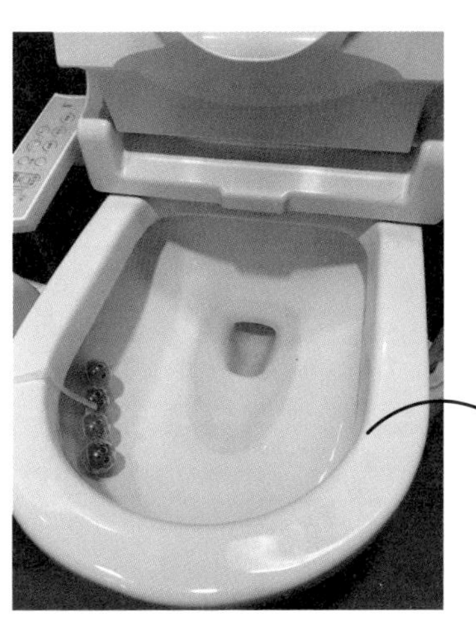

就算常常清洗，仍有些尿垢難以清除

清潔之後尿垢變少了

04

廚房清潔方法

廚房的油漬和髒污往往很難清除，烹調之後若沒有養成隨手清潔的習慣，灰塵加上油污就會變成非常頑固的對手。建議養成良好的隨手整理習慣，讓你的廚房亮晶晶，使打掃廚房變得毫無壓力。

廚房的物品請定期消毒，才不會使家人健康受威脅。吃過的碗盤請當天就清洗晾乾，廚餘也用密封的方式收好，打造乾淨且衛生的環境，才不會吸引蟑螂及其它蚊蟲滋生，帶來其它的病菌。

（場地：晴川禾悅民宿）

瓦斯爐架

烹調時難免會噴灑油污或調味料在瓦斯爐上，請看到髒污時就要隨手擦乾淨。用約40度溫熱的小蘇打水來擦拭，可以充分將油污擦掉。也可以用煮完麵條的煮麵水來沾濕抹布擦拭，也有不錯的效果，但請在煮麵水還溫熱時使用更有效。

瓦斯爐架建議最好一～二週就要清洗一次。把瓦斯爐架放入放滿熱水的容器裡，並加入2大匙的小蘇打粉浸泡2小時，再拿菜瓜布刷洗。若油污嚴重則建議放入較大的鍋子，再加入可淹蓋的水，並放入2大匙小蘇打粉後開火煮沸。煮開後熄火，靜置2到3小時，再用菜瓜布刷洗。

浸泡在溫熱的小蘇打水中

廚房牆面

烹調時微熱的牆面是最容易將髒污擦拭掉的時候，可以趁料理時，抓空檔將抹布沾小蘇打水來擦拭。也可以將廚房紙巾沾濕小蘇打水之後，貼在牆面上約10分鐘，再用抹布擦拭。

用溫的小蘇打水擦拭

很容易就把油污給擦拭掉

抽油煙機

抽油煙機上的黏膩油漬，真的很難只用清水擦掉，所以平時就要有隨手擦拭抽油煙機外蓋灰塵的習慣，才不致於變得難以處理。可以用廚房紙巾浸泡小蘇打水之後，貼在外蓋上10分鐘，再用沾了小蘇打水的抹布擦拭。而濾網二個月就要清洗一次，可以浸泡在溫熱的小蘇打水中2小時，再用菜瓜布刷洗。若有洗碗機，也可以再放入用高溫熱水清洗也很方便。

外蓋沾滿了灰塵和油煙，用清水難以擦拭

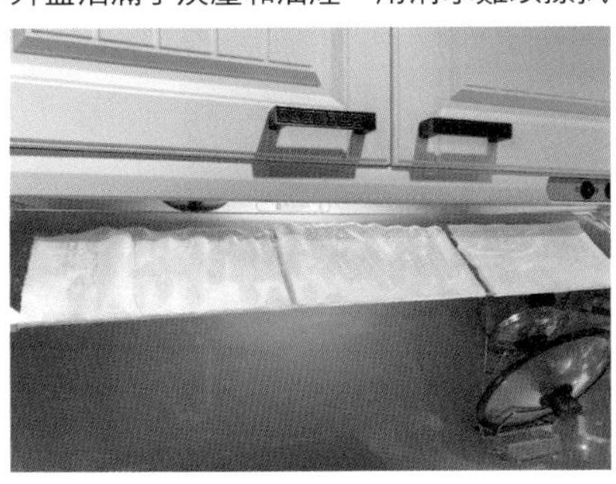

用浸濕小蘇打水的廚房紙巾濕敷在抽油煙機外蓋

用小蘇打水清潔之後

微波爐、烤箱及電鍋

清理微波爐時，可以將水倒入耐熱容器中，再滴少許白醋或是擠入檸檬汁，接著放進微波爐內加熱3分鐘，時間到了不要馬上打開，先放置約5分鐘，讓蒸氣充分附著在內部。之後再用濕抹布擦拭，並打開蓋子風乾後即可。轉盤可以拆下來用溫熱水和清潔劑洗淨。

將濾網浸泡在溫熱的小蘇打水中2小時後再刷洗

濾網上原本都是黏稠的油漬和灰塵

濾網清潔之後

而烤箱則是利用小蘇打粉加白醋混合成小蘇打糊，不要太濕要糊狀的。用菜瓜布沾取後塗抹在髒污位置，並靜置幾小時後，再用菜瓜布刷掉污漬，並用抹布擦拭。

電鍋請每次使用後都要隨手擦拭並打開鍋蓋通風，若內鍋有髒污時，可以倒入白醋水及檸檬水，靜置3小時後用菜瓜布刷洗，用抹布擦拭乾淨即可。

請養成隨時擦拭及保持乾淨的習慣，一旦污漬累積太久沒有清除，再用來烹調食物時則會影響健康。

電鍋底部黃色的污垢

電鍋清潔之後

流理台

每天使用完流理台後，可以灑上小蘇打粉再刷洗一次流理台。可以用檸檬酸加水，噴在水龍頭及水垢處，靜置10分鐘左右，再用菜瓜布和抹布擦洗。小蘇打粉和檸檬酸不能加在一起使用，酸性和鹼性加在一起就變成中性，就沒有清潔的作用了，所以請分開使用。

滿是水垢的流理台

流理台清潔之後變得亮晶晶的

餐具及廚房用品

餐具或抹布等物品，定期用熱水煮沸消毒，或是清洗時加入小蘇打粉清洗，並充分晾乾。

流理台鐵架也是累積很多污垢

菜瓜布、抹布等廚房用品，用淘汰的鍋子每天煮沸消毒

用檸檬酸水清潔之後

保溫瓶或杯子茶漬

可以將保溫瓶零件拆下來浸泡在溫熱水裡，並加入一匙小蘇打粉、一點洗碗精，浸泡約一小時即可沖洗。污垢若非常嚴重，浸泡時間可以延長。

清潔燒焦鍋具

燒焦的鍋底其實不需要用力刷，當鍋底焦黑或是鍋子的鍋身泛黃了，可以倒一些食用的小蘇打粉在鍋內，加入一些水，混和略為濃稠，用小火煮沸，或是用電鍋加熱，熄火放涼靜置一晚，隔天就可以很輕易的刷洗乾淨。

佈滿茶垢的保溫杯

使用小蘇打粉清潔之後

05

小孩的玩具消毒

有小孩的家庭，一定有滿滿的玩具和文具要整理及清潔。玩具常常隨手亂丟，並且外出時也會帶出去使用，玩具上想必沾染了許多細菌，因此建議定期一～二週就要進行消毒，避免影響到家中寶貝的健康。

1. 地墊

地墊建議每週都要清潔，若是地毯類的墊子除了清洗，也要

趁大太陽時放到戶外曝曬滅菌。若是一般遊戲地墊，可以每天都用酒精及消毒用品擦拭風乾。

2. 玩具收納盒

收納玩具的箱子及收納盒，也要定期將玩具取出另外放置，並清洗收納盒曬乾。收納盒常會堆積灰塵污垢，若是能夠清洗就用清水洗淨後，再用酒精擦拭晾乾。取出的玩具也請消毒後，再放回收納盒裡。

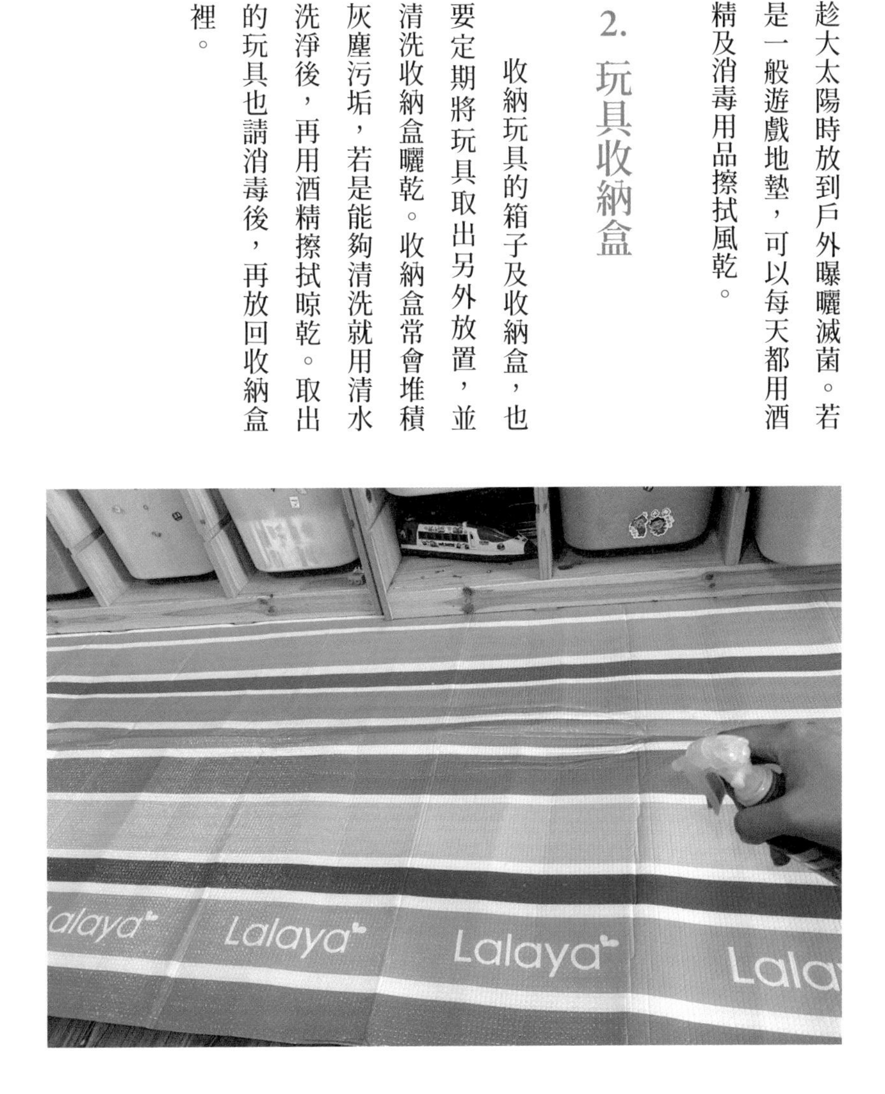

3. 玩具清潔

玩具若能用水清洗的則建議用小蘇打水清洗，再晾乾。若是不能碰水的，可以用酒精擦拭風乾。而絨毛玩具則建議儘量不要購買，若要買請購買可以拆洗的，並且要經常曝曬殺菌。

收納盒裡也會充滿灰塵，最好每個月都要清洗、消毒。

可以清洗的玩具則建議用水清洗，並用牙刷將縫隙的髒污清除。

（場地：晴川禾悅民宿）

06

無壓力的順手打掃習慣

（場地：晴川禾悅民宿）

廚房裡的油煙會飄到客廳，和客廳的灰塵混合後就會形成難以清除的污漬。所以每天都要養成清掃灰塵的習慣。而房子裡的異味和濕氣，也與廁所習習相關。因此家裡所有空間的髒污及清潔關係，都是環環相扣的。因此養成隨手打掃各個空間的習慣非常重要。

客廳

客廳可以善用掃地機器人及吸塵器，每天一次或二、三天一次，全面清除家裡的灰塵。並且用稀釋後的漂白水拖地，消毒滅菌。隨手拿著酒精水和濕抹布擦拭桌面，以及遙控器和電器開關等。用小蘇打水擦拭牆壁汙垢，並且每週都要替換沙發套或地毯等。

（場地： BULUBA 民宿）

臥房

床單、枕頭套及被單也要經常替換，並常常拿去曬太陽消菌。床墊可以用吸塵器將皮屑及塵蟎吸起。窗廉可以用酒精水噴灑後風乾，以避免發霉。若是有異味則可以噴灑小蘇打水，但最好的方法是要定期清洗及曝曬。

房內的灰塵用酒精水擦拭，衣櫃則可以在換季時，將衣物全部取出，並用乾淨的抹布浸泡酒精水後擦拭櫃子內，若灰塵多則可以先用吸塵器吸乾淨之後再擦拭。

（場地：BULUBA 民宿）

廚房

料理時請隨手擦拭髒污處，廚餘也要每天丟棄，才不易滋生蚊蟲等。使用過後的餐具請風乾後收到櫃子裡，才不易沾上灰塵造成健康疑慮。

在料理時請務必開啟抽油煙機，避免油煙飄散在家裡各處，如果可以請關上廚房門避免飄散。使用後請養成隨手消毒廚房用品。其實只要簡單的烹調也能很美味，同時事後你要整理的物品數量也會減少，帶給健康的負擔也減少。

（場地： 小公館人文旅舍）

（場地：小公館人文旅舍）

浴室

浴室是全家所有黴菌及濕氣的源頭，因此保持乾躁就是最重要的工作。每天上完廁所後用酒精水隨手擦拭馬桶，洗手完用廁所抹布擦乾四周，洗完澡用玻璃刮刀去除水痕。隨手的良好習慣，都能減少你以後的打掃時間，同時家裡也能變得更清新。

睡前的習慣

每天睡前請巡視一下家裡，把家裡的物品回歸到原位，東西整理整齊，每天用過的杯子、碗盤都要當天洗淨，養成不拖拉的生活習慣，你的生活也變得更加輕鬆了！整理家務的時間越來越短，這就是收納和極簡的最大好處。

（場地：小公館人文旅舍）

Orange Life 24

心之所嚮，無壓打造質感簡約生活

由內而外，讓生活與心靈都極簡的修行旅程

出版發行

橙實文化有限公司 CHENG SHI Publishing Co., Ltd
粉絲團 https://www.facebook.com/OrangeStylish/
MAIL: orangestylish@gmail.com

作　　者　橙實文化編輯部
特約編輯　陳佩珊
總 編 輯　于筱芬　CAROL YU, Editor-in-Chief
副總編輯　謝穎昇　EASON HSIEH, Deputy Editor-in-Chief
業務經理　陳順龍　SHUNLONG CHEN, Sales Manager
美術設計　楊雅屏　Yang Yaping
製版／印刷／裝訂　皇甫彩藝印刷股份有限公司
贊助廠商　BULUBA民宿、小公館人文旅舍、晴川禾悅民宿、重力築旅民宿

編輯中心

ADD／桃園市大園區領航北路四段382-5號2樓
2F., No.382-5, Sec. 4, Linghang N. Rd., Dayuan Dist., Taoyuan City 337, Taiwan (R.O.C.)
TEL／（886）3-381-1618 FAX／（886）3-381-1620
MAIL: orangestylish@gmail.com
粉絲團https://www.facebook.com/OrangeStylish/

經銷商

聯合發行股份有限公司
ADD／新北市新店區寶橋路235巷弄6弄6號2樓
TEL／（886）2-2917-8022　FAX／（886）2-2915-8614

初版日期 2022年11月